하루 한 장 75일
집중 완성

교과 연산

C3

초3 곱셈과 나눗셈 (2)

변화를 정확히 이해해야 합니다.

수학의 기본이면서 이제는 필수가 된 연산 학습, 그런데 왜 우리 아이들은 많은 학습지를 풀고도 학교에 가면 연산 문제를 해결하지 못할까요?
지금 우리 아이들이 학습하는 교과서는 과거와는 많이 다릅니다. 단순 계산력을 확인하는 문제 대신 다양한 상황을 제시하고 상황에 맞게 문제를 해결하는 과정을 평가합니다. 그래서 단순히 계산하여 답을 내는 것보다 문장을 이해하고 상황을 판단하여 스스로 식을 세우고 문제를 해결하는 복합적인 사고 과정이 필요합니다.
그림을 보고 상황을 판단하는 능력, 그림을 보고 상황을 말로 표현하는 능력, 문장을 이해하는 능력 등 상황 판단 능력을 길러야 하는 이유입니다.

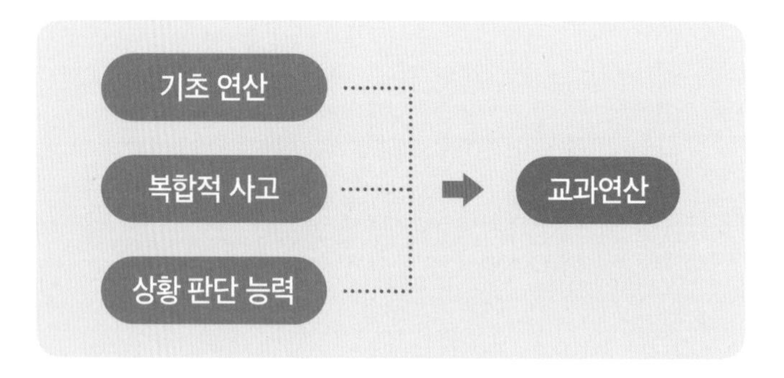

연산 원리를 학습함에 있어서도 대표적인 하나의 풀이 방법을 공식처럼 외우기만 해서는 지금의 연산 문제를 해결하기 어렵습니다. 연산 학습과 함께 다양한 방법으로 수를 분해하고 결합하는 과정, 즉 수 자체에 대한 학습도 병행되어야 합니다.
교과연산은 연산 학습과 함께 수 자체를 온전히 학습할 수 있도록 단계마다 '수특강'을 구성하고 있습니다.
계산은 문제를 해결하는 하나의 과정으로서의 의미가 큽니다.

학교에서 배우게 될 내용과 직접적으로 관련이 있는 교과연산으로 가장 먼저 시작하기를 추천드립니다.
요즘 연산은 교과 연산입니다.

"계산은 그 자체가 목적이 아닙니다. 문제를 해결하는 하나의 과정입니다."

하루 **한** 장, **75**일에 완성하는 **교과연산**

한 단계는 총 4권으로 수를 학습하는 0권과 연산을 학습하는 1권, 2권, 3권으로 구성되어 있습니다.

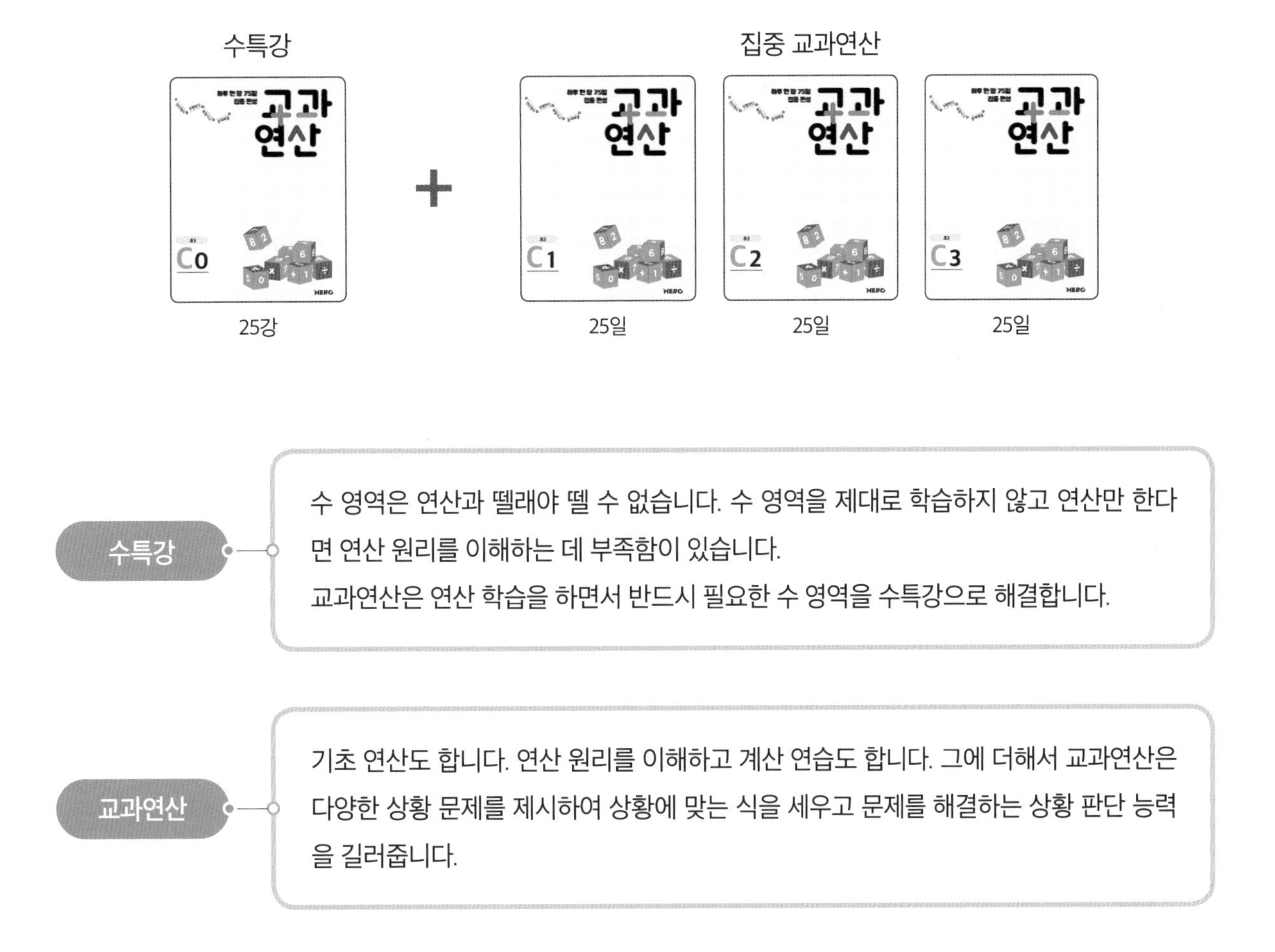

수특강

수 영역은 연산과 뗄래야 뗄 수 없습니다. 수 영역을 제대로 학습하지 않고 연산만 한다면 연산 원리를 이해하는 데 부족함이 있습니다.
교과연산은 연산 학습을 하면서 반드시 필요한 수 영역을 수특강으로 해결합니다.

교과연산

기초 연산도 합니다. 연산 원리를 이해하고 계산 연습도 합니다. 그에 더해서 교과연산은 다양한 상황 문제를 제시하여 상황에 맞는 식을 세우고 문제를 해결하는 상황 판단 능력을 길러줍니다.

"연산을 이해하기 위해서는 수를 먼저 이해해야 합니다."

원리는 **기본, 복합적 사고 문제**까지 다루는 **교과연산**

원리

수와 연산의 원리를
이해하고 연습합니다.

복합적 사고

연산 원리를 이용하여
다양한 소재의 복합적
문제를 해결합니다.

상황 판단 문제

문장 이해력을 기르고
상황에 맞는 식을 세워
문제를 해결합니다.

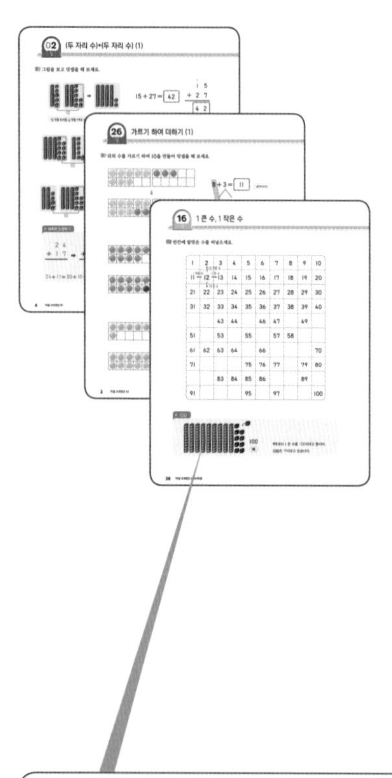

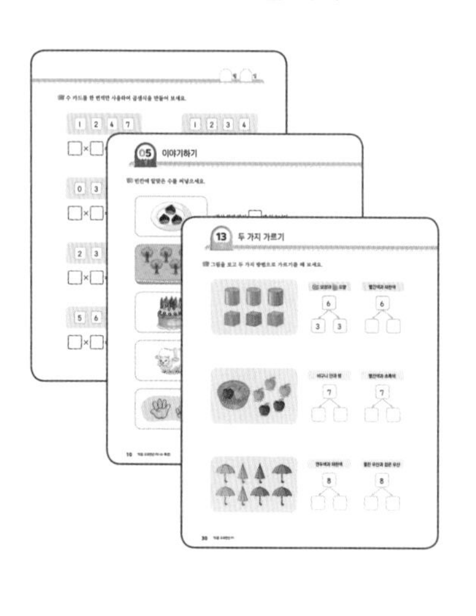

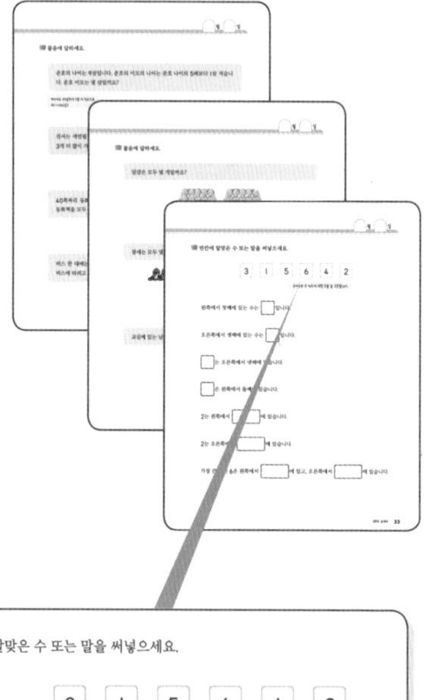

빈칸에 알맞은 수 또는 말을 써넣으세요.

3 1 5 6 4 2

순서수와 수 카드에 적힌 수를 잘 구분합니다.

[체크 박스]
문제를 해결하는 데 도움이
되는 방향을 제시합니다.

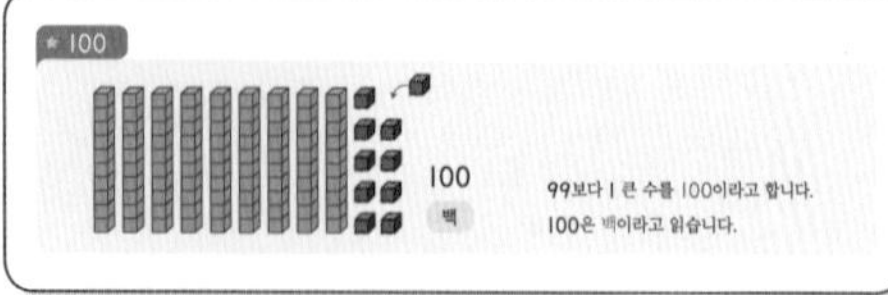
100
100
백
99보다 1 큰 수를 100이라고 합니다.
100은 백이라고 읽습니다.

[개념 포인트]
꼭 필요한 기본 개념을
설명합니다.

"교과연산은 꼬이고 꼬인 어려운 연산이 아닙니다.
일상 생활 속에서 상황을 판단하는 능력을 길러주는 연산입니다."

하루 **한** 장, **75**일 집중 완성 교과연산 **묻고 답하기**

Q1 왜 교과연산인가요?

지금의 교과서는 과거의 교과서와는 많이 다릅니다. 하지만 아쉽게도 기존의 연산학습지는 과거의 연산 학습 방법을 그대로 답습하고 변화를 제대로 반영하지 못하고 있습니다. 교과연산은 교과서의 변화를 정확히 이해하고 체계적으로 학습을 할 수 있도록 안내합니다.

Q2 다른 연산 교재와 어떻게 다른가요?

교과연산은 변화된 교과서의 핵심 내용인 상황 판단 능력과 복합적 사고력을 길러주는 최신 연산 프로그램입니다. 또한 연산 학습의 바탕이 되는 '수'를 수특강으로 다루고 있어 수학의 기본이 되는 연산학습을 체계적으로 학습할 수 있습니다.

Q3 학교 진도와는 맞나요?

네, 교과연산은 학교 수업 진도와 최신 개정된 교과 단원에 맞추어 개발하였습니다.

Q4 단계 선택은 어떻게 해야 할까요?

권장 연령의 학습을 추천합니다.
다만, 처음 교과 연산을 시작하는 학생이라면 한 단계 낮추어 시작하는 것도 좋습니다.

Q5 '수특강'을 먼저 해야 하나요?

'수특강'을 가장 먼저 학습하는 것을 권장합니다. P단계를 예로 들어보면 P0(수특강)을 먼저 학습한 후 차례대로 P1~P3 학습을 진행합니다. '수특강'은 각 단계의 연산 원리와 개념을 정확하게 이해하고 상황 문제를 해결하는 데 디딤돌이 되어줄 것입니다.

이 책의 차례

51일~55일

1주차 세 자리 수 곱셈

51 일 올림이 없는 곱셈

그림을 보고 곱셈을 해 보세요.

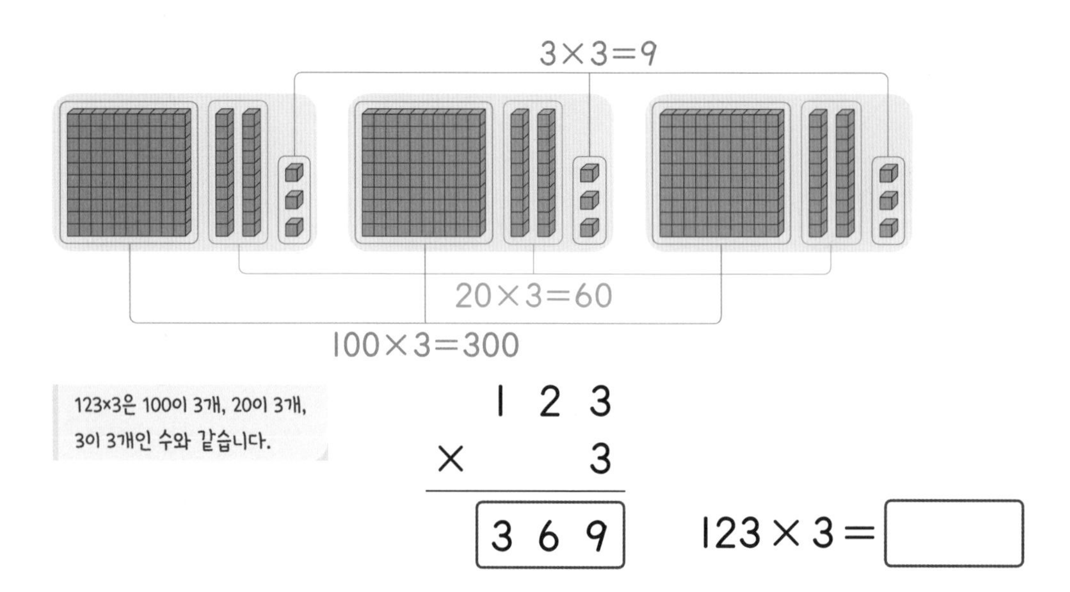

$$\begin{array}{r} 123 \\ \times \quad 3 \\ \hline 369 \end{array}$$

$123 \times 3 = \square$

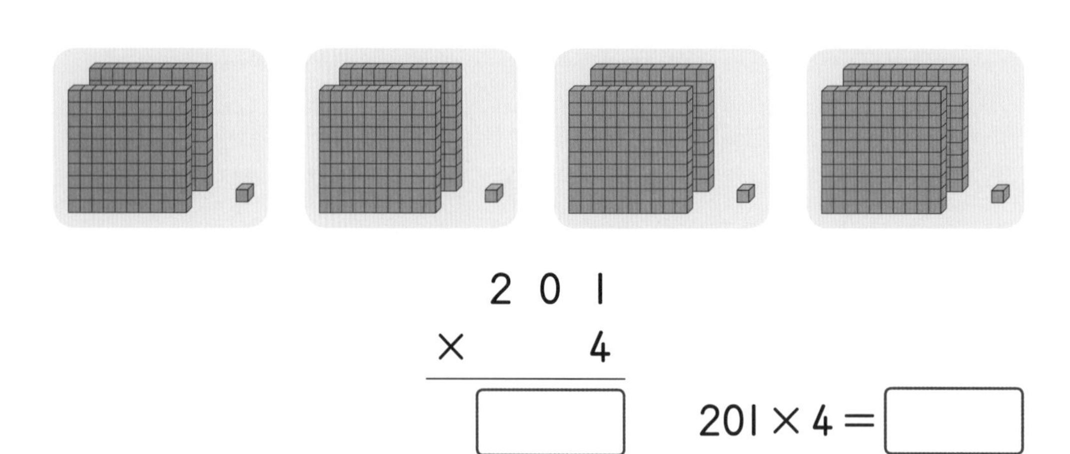

$$\begin{array}{r} 201 \\ \times \quad 4 \\ \hline \square \end{array}$$

$201 \times 4 = \square$

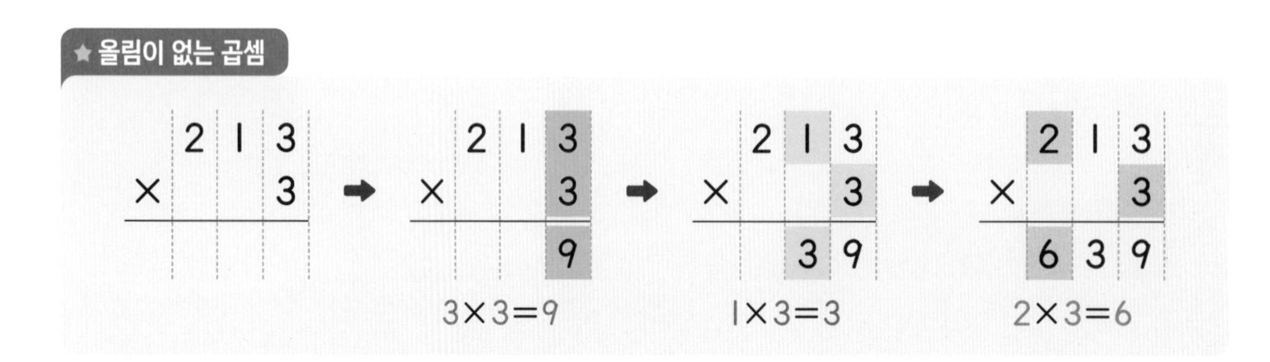

계산해 보세요.

$$\begin{array}{r} 422 \\ \times \quad 2 \\ \hline \end{array}$$

$$\begin{array}{r} 232 \\ \times \quad 3 \\ \hline \end{array}$$

$$\begin{array}{r} 200 \\ \times \quad 4 \\ \hline \end{array}$$

$$\begin{array}{r} 103 \\ \times \quad 2 \\ \hline \end{array}$$

$$\begin{array}{r} 234 \\ \times \quad 2 \\ \hline \end{array}$$

$$\begin{array}{r} 110 \\ \times \quad 7 \\ \hline \end{array}$$

311×3

221×4

102×4

430×2

241×2

101×5

302×3

132×3

올림이 있는 곱셈 (1)

그림을 보고 곱셈을 해 보세요.

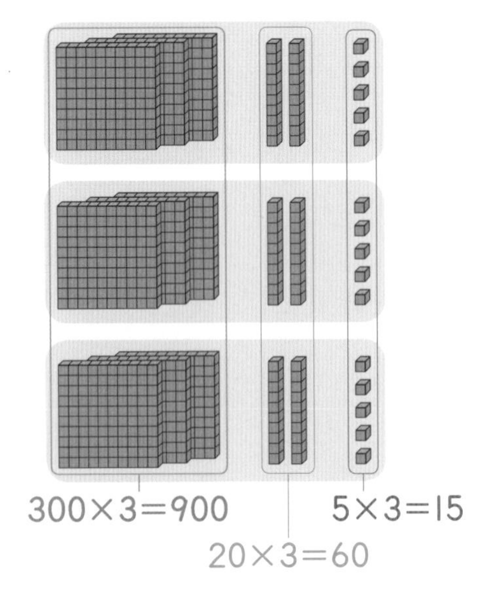

	3	2	5	
×			3	
		1	5	… 5×3
		6	0	… 20×3
	9	0	0	… 300×3
	□	□	□	←15+60+900

➡

	1		
	3	2	5
×			3
	□		

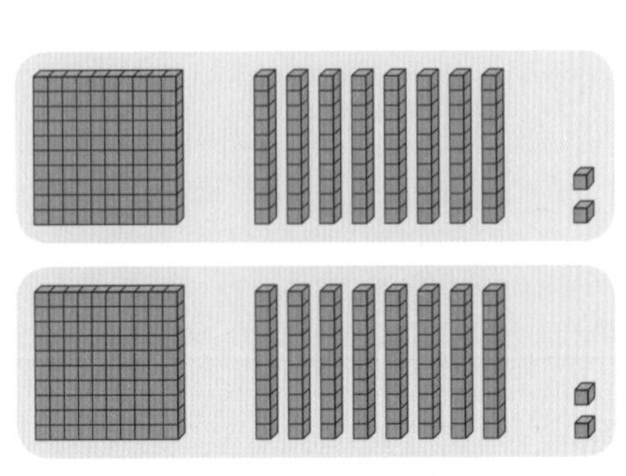

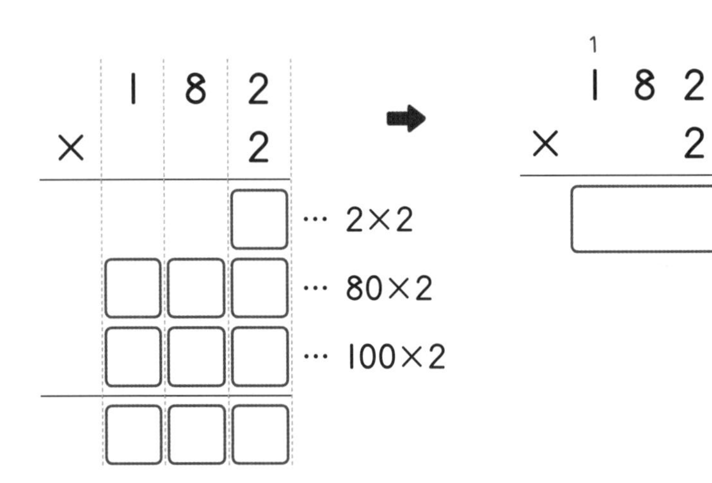

	1	8	2	
×			2	
			□	… 2×2
	□	□	□	… 80×2
	□	□	□	… 100×2
	□	□	□	

➡

	1		
	1	8	2
×			2
	□		

★ 올림이 한 번 있는 곱셈

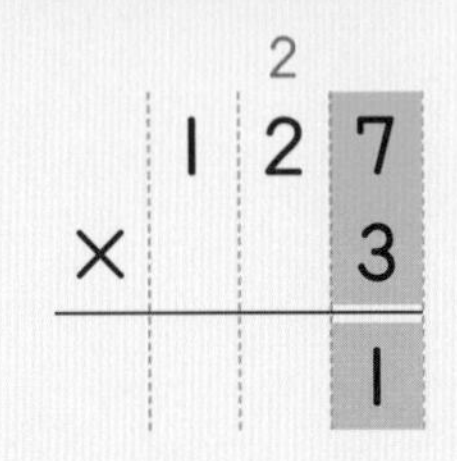

		2	
	1	2	7
×			3
			1

7×3=21에서 20을 올림하여 십의 자리 위에 작게 2를 쓰고 남은 1을 일의 자리에 씁니다.

➡

		2	
	1	2	7
×			3
		8	1

2×3=6과 일의 자리에서 올림한 2를 더하여 6+2=8을 십의 자리에 씁니다.

➡

		2	
	1	2	7
×			3
	3	8	1

1×3=3을 하여 3을 백의 자리에 씁니다.

계산해 보세요.

$$\begin{array}{r} 2\ 1\ 8 \\ \times\quad\ 3 \\ \hline 24 \\ \square \\ \square \\ \hline \square \end{array} \quad \begin{array}{l} \\ \\ \cdots 8 \times 3 \\ \cdots \square \times 3 \\ \cdots \square \times 3 \\ \\ \end{array}$$

세로로 계산할 때는 자리를 잘 맞추어 씁니다.

$$\begin{array}{r} 1\ 7\ 4 \\ \times\quad\ 2 \\ \hline \square \\ \square \\ 200 \\ \hline \square \end{array} \quad \begin{array}{l} \\ \\ \cdots \square \times 2 \\ \cdots \square \times 2 \\ \cdots 100 \times 2 \\ \\ \end{array}$$

$$\begin{array}{r} 3\ 1\ 9 \\ \times\quad\ 3 \\ \hline \end{array} \qquad \begin{array}{r} 4\ 8\ 3 \\ \times\quad\ 2 \\ \hline \end{array} \qquad \begin{array}{r} 2\ 0\ 6 \\ \times\quad\ 4 \\ \hline \end{array}$$

105×7

227×3

381×2

132×4

올림이 있는 곱셈 (2)

그림을 보고 곱셈을 해 보세요.

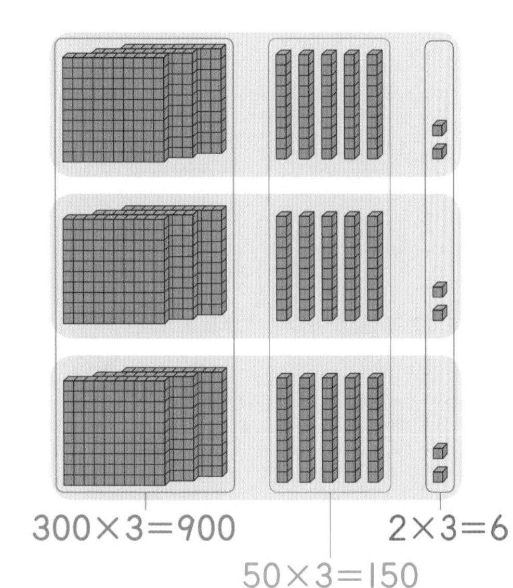

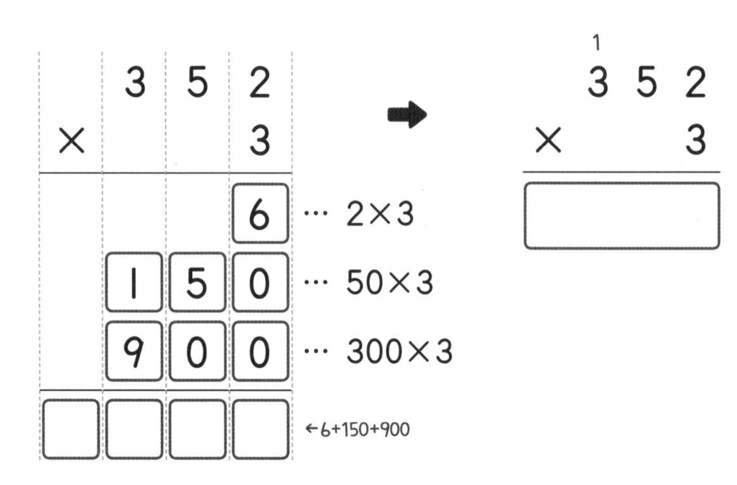

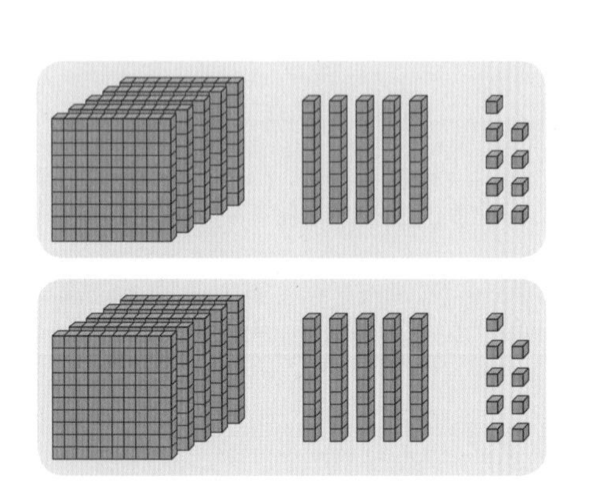

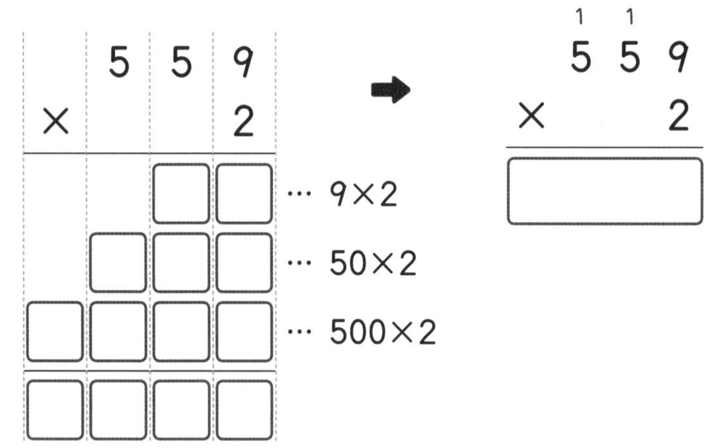

★ 올림이 두 번 이상 있는 곱셈

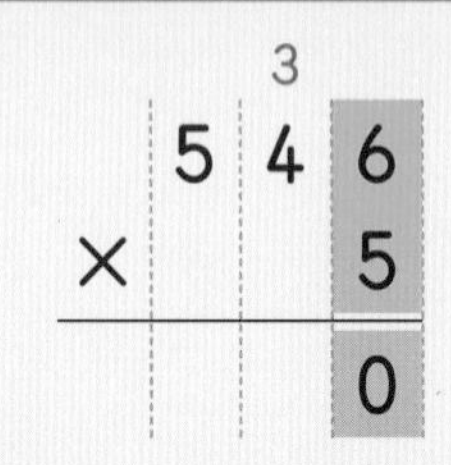

6×5=30에서 30을 올림하여 십의 자리 위에 작게 3을 쓰고 남은 0을 일의 자리에 씁니다.

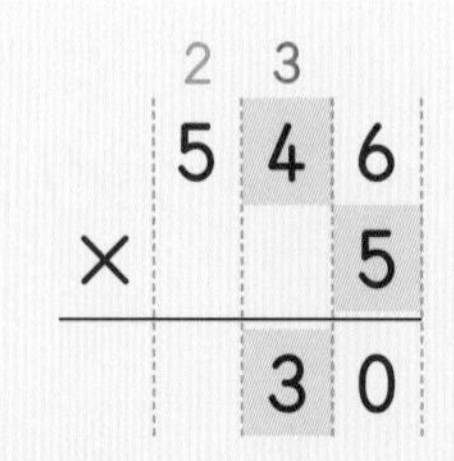

4×5=20과 3을 더한 23에서 20을 올림하여 백의 자리 위에 작게 2를 쓰고 남은 3을 일의 자리에 씁니다.

2 3
5 4 6
× 5
2 7 3 0

5×5=25와 2를 더한 27에서 2는 천의 자리, 7은 백의 자리에 씁니다.

계산해 보세요.

$$\begin{array}{r} 671 \\ \times \quad 4 \\ \hline \end{array}$$

4 … 1 ×4

… ×4

… ×4

600×4는 6×4=24의 100배인 2400입니다.

$$\begin{array}{r} 345 \\ \times \quad 5 \\ \hline \end{array}$$

… ×5

… ×5

1500 … 300 ×5

$$\begin{array}{r} 417 \\ \times \quad 3 \\ \hline \end{array}$$

$$\begin{array}{r} 790 \\ \times \quad 6 \\ \hline \end{array}$$

$$\begin{array}{r} 836 \\ \times \quad 3 \\ \hline \end{array}$$

904×4

550×7

158×6

432×5

54일 □가 있는 곱셈

수 카드 3장으로 세 자리 수를 만들어 곱셈식을 완성해 보세요.

1 3 4

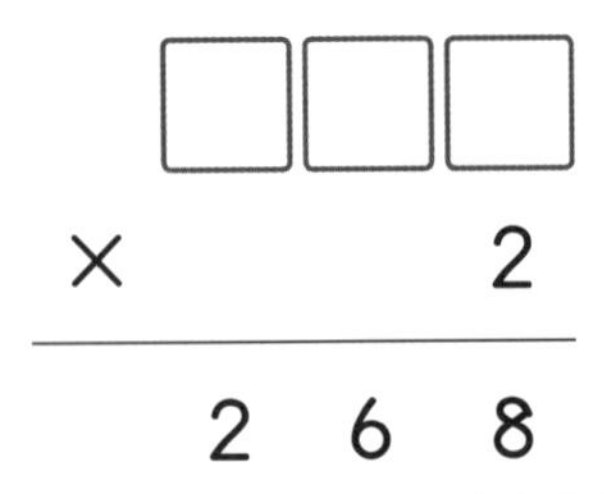

2를 곱해서 일의 자리가 8인 수는 4입니다.

2 3 7

$$\square\square\square \times 3 = 981$$

1 2 6

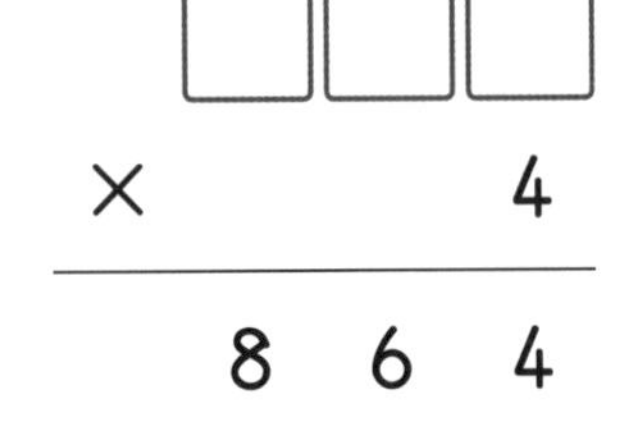

2 4 8

$$\square\square\square \times 3 = 1446$$

1 4 5

$$\square\square\square \times 5 = 770$$

3 4 9

$$\square\square\square \times 6 = 2634$$

월 일

빈칸에 알맞은 수를 써넣으세요.

$$\begin{array}{r} \square\ 4\ 1 \\ \times \quad\quad 2 \\ \hline 6\ 8\ \square \end{array}$$

$$\begin{array}{r} 1\ 3\ \square \\ \times \quad\quad 3 \\ \hline 3\ \square\ 6 \end{array}$$

$$\begin{array}{r} 2\ \square\ 2 \\ \times \quad\quad 4 \\ \hline 8\ 0\ \square \end{array}$$

$$\begin{array}{r} 1\ 0\ \square \\ \times \quad\quad 7 \\ \hline \square\ 2\ 8 \end{array}$$

$$\begin{array}{r} 1\ \square\ 6 \\ \times \quad\quad 3 \\ \hline 3\ 7\ \square \end{array}$$

$$\begin{array}{r} 2\ 3\ 8 \\ \times \quad\quad \square \\ \hline 4\ \square\ 6 \end{array}$$

$$\begin{array}{r} \square\ 5\ 1 \\ \times \quad\quad 5 \\ \hline 3\ 2\ \square\ 5 \end{array}$$

$$\begin{array}{r} 4\ 7\ \square \\ \times \quad\quad 3 \\ \hline 1\ \square\ 1\ 9 \end{array}$$

$$\begin{array}{r} 9\ \square\ 1 \\ \times \quad\quad 6 \\ \hline \square\ 6\ 4\ 6 \end{array}$$

$$\begin{array}{r} 1\ 9\ 7 \\ \times \quad\quad \square \\ \hline \square\ 8\ 5 \end{array}$$

$$\begin{array}{r} \square\ 2\ 6 \\ \times \quad\quad 8 \\ \hline 2\ 6\ \square\ 8 \end{array}$$

$$\begin{array}{r} 5\ 3\ \square \\ \times \quad\quad 4 \\ \hline 2\ \square\ 5\ 2 \end{array}$$

55일 이야기하기

곱셈식으로 나타내고 답을 구해 보세요.

막대 4개를 이어 붙인 길이를 곱셈식으로 나타내어 보세요.

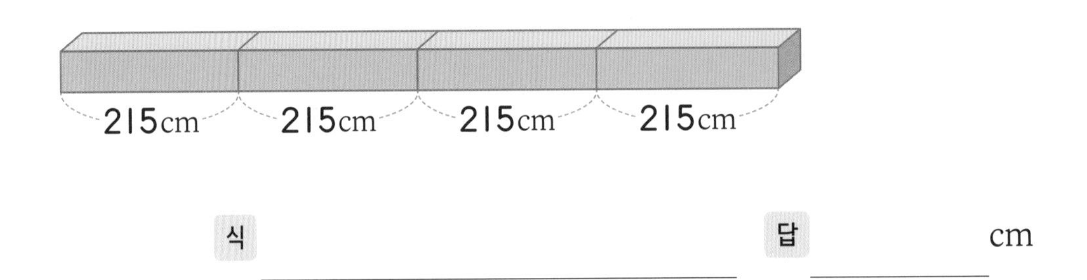

식 ________________ 답 ________ cm

덧셈식을 곱셈식으로 나타내어 보세요.

128 + 128 + 128 + 128 + 128 + 128 + 128

식 ________________ 답 ________

카드에 적힌 수의 합을 곱셈식으로 나타내어 보세요.

781	781	781	781
781	781	781	781

식 ________________ 답 ________

곱셈식으로 나타내고 답을 구해 보세요.

구슬 1개의 무게는 107g입니다. 구슬 6개의 무게는 몇 g일까요?

식 ______________ 답 ______ g

지후는 학용품을 사려고 하루에 800원씩 6일 동안 모았습니다. 지후가 모은 돈은 모두 얼마일까요?

식 ______________ 답 ______ 원

귤이 한 상자에 136개씩 들어 있습니다. 4상자에 들어 있는 귤은 모두 몇 개일까요?

식 ______________ 답 ______ 개

집에서 학교까지의 거리는 532m이고 집에서 도서관까지의 거리는 집에서 학교까지 거리의 5배입니다. 집에서 도서관까지의 거리는 몇 m일까요?

식 ______________ 답 ______ m

곱셈식으로 나타내고 답을 구해 보세요.

캐나다 돈 1달러는 한국 돈 893원과 같습니다. 윤서는 캐나다 돈 3달러를 가지고 있습니다. 윤서가 가진 돈은 한국 돈 얼마와 같을까요?

캐나다 돈 1달러 = 한국 돈 893원

식 ______________ 답 ______ 원

지성이는 우유 4잔을 마셨습니다. 지성이가 먹은 우유의 열량은 얼마일까요?

식음료	감자 1개	옥수수 1개	우유 1잔	오렌지주스 1잔
열량(킬로칼로리)	127	112	135	110

식 ______________ 답 ______ 킬로칼로리

재연이네 학교의 3학년 학생 수입니다. 3학년 학생 모두에게 공책을 5권씩 주려면 공책은 모두 몇 권 필요할까요?

반	1반	2반	3반	4반	합계
학생 수(명)	28	33	34	27	122

식 ______________ 답 ______ 권

56일 ~ 60일

2주차 두 자리 수 곱셈

56일 곱하기 몇십

그림을 보고 곱셈을 해 보세요.

10배

$30 \times 1 =$ 30

$30 \times 10 =$ 300

어떤 수를 10배 하면 어떤 수 끝에 0이 하나 더 늘어납니다.

$40 \times 2 =$ [ ]

$40 \times 20 =$ [ ]

$12 \times 3 =$ [ ]

$12 \times 30 =$ [ ]

$78 \times 2 =$ [ ]

$78 \times 20 =$ [ ]

빈칸에 알맞은 수를 써넣으세요.

$20 \times 30 = 20 \times 3 \times 10$
$= 60 \times \square$
$= \square$

20×30은 20×3의 10배입니다.

$70 \times 40 = 70 \times 4 \times 10$
$= \square \times 10$
$= \square$

□×10=□0과 같습니다.

$50 \times 60 = 50 \times 6 \times \square$
$= \square \times 10$
$= \square$

$22 \times 40 = \square \times 4 \times 10$
$= 88 \times \square$
$= \square$

$34 \times 70 = 34 \times 7 \times \square$
$= \square \times 10$
$= \square$

$85 \times 50 = 85 \times \square \times 10$
$= \square \times 10$
$= \square$

57 일 곱하기 몇십몇 (1)

그림을 보고 곱셈을 해 보세요.

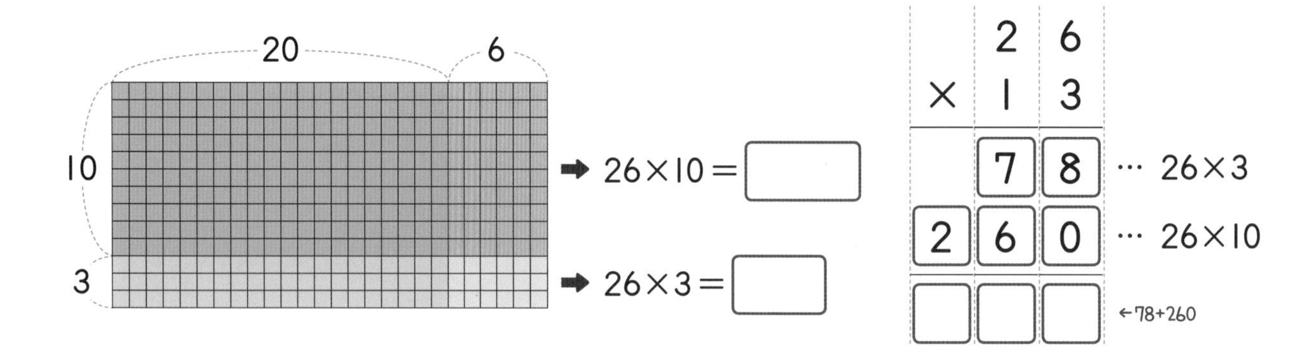

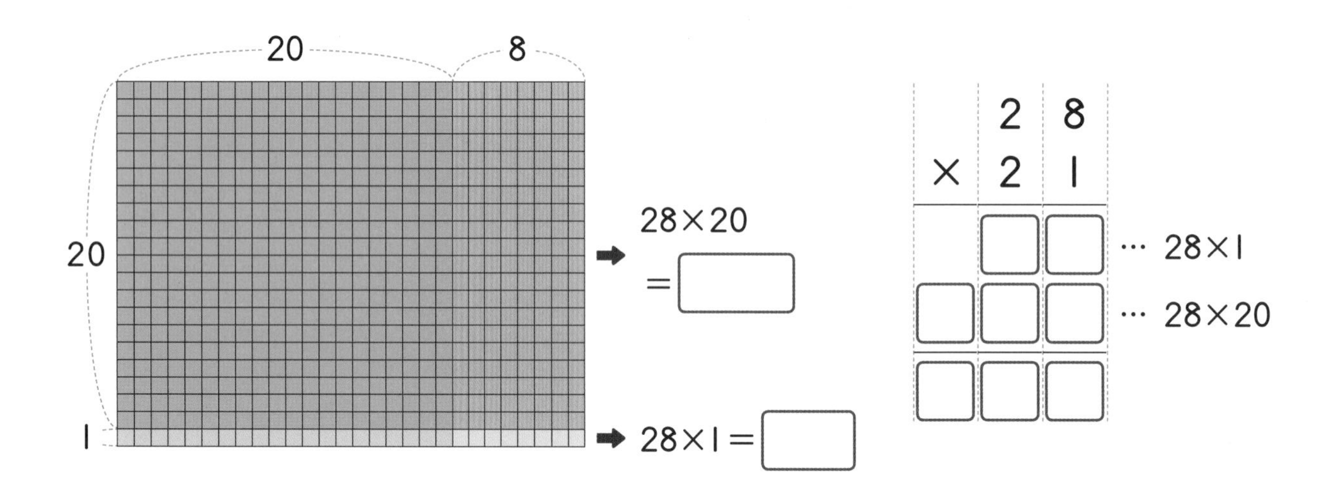

★ (몇십몇)×(몇십몇)

$$\begin{array}{r} 14 \\ \times\ 25 \\ \hline \end{array} \Rightarrow \begin{array}{r} {}^{2} \\ 14 \\ \times\ 25 \\ \hline 0 \end{array} \Rightarrow \begin{array}{r} {}^{2} \\ 14 \\ \times\ 25 \\ \hline 70 \end{array} \Rightarrow \begin{array}{r} 14 \\ \times\ 25 \\ \hline 70 \\ 80 \end{array} \Rightarrow \begin{array}{rl} 14 & \\ \times\ 25 & \\ \hline 70 & \cdots\ 14\times5 \\ 280 & \cdots\ 14\times20 \\ \hline 350 & \end{array}$$

4×2는 실제로 4×20이므로 4×2=8을 십의 자리에 쓰고, 일의 자리에 0을 표시합니다.

월 일

계산해 보세요.

$$\begin{array}{r} 15 \\ \times\ 25 \\ \hline \boxed{75} \\ \boxed{} \\ \hline \boxed{} \end{array}$$

… 15× 5
… 15× ☐

15×25는 15×20과 15×5를 더한 것입니다.

$$\begin{array}{r} 32 \\ \times\ 14 \\ \hline \boxed{} \\ \boxed{} \\ \hline \boxed{} \end{array}$$

… 32× ☐
… 32× 10

$18 \times 14 = 18 \times 10 + 18 \times \square$
$= \square + \square$
$= \square$

$24 \times 32 = 24 \times \square + 24 \times 2$
$= \square + \square$
$= \square$

$$\begin{array}{r} 12 \\ \times\ 53 \\ \hline \end{array} \qquad \begin{array}{r} 14 \\ \times\ 62 \\ \hline \end{array} \qquad \begin{array}{r} 21 \\ \times\ 45 \\ \hline \end{array} \qquad \begin{array}{r} 33 \\ \times\ 24 \\ \hline \end{array}$$

곱하기 몇십몇 (2)

빈칸에 알맞은 수를 써넣어 곱셈을 해 보세요.

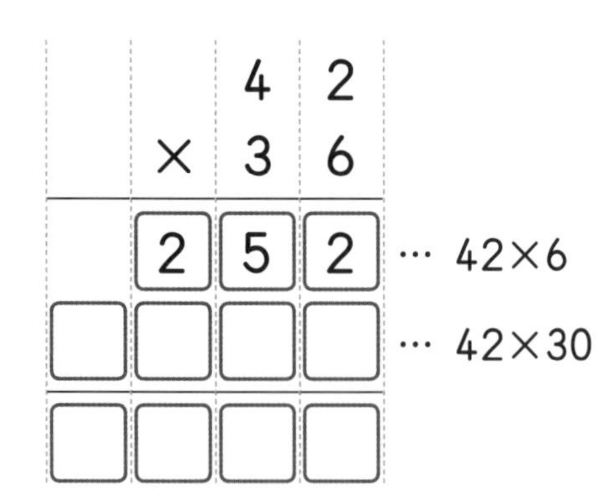

$42 \times 36 = 42 \times 30 + 42 \times \square$

$= \square + \square$

$= \square$

		3	7	
	×	5	4	
	□	□	□	··· 37×4
□	□	□	□	··· 37×50
□	□	□	□	

$37 \times 54 = 37 \times \square + 37 \times 4$

$= \square + \square$

$= \square$

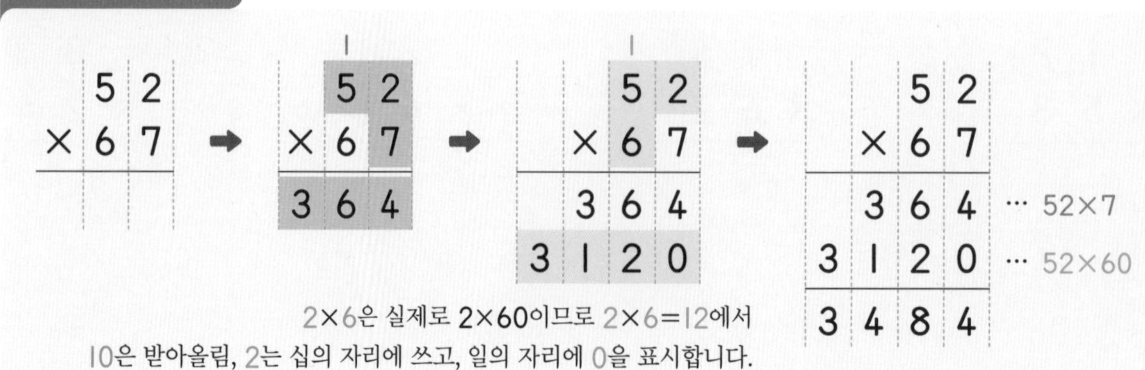

★ (몇십몇)×(몇십몇)
5 2
× 6 7
➡
1
5 2
× 6 7
3 6 4
➡
1
5 2
× 6 7
3 6 4
3 1 2 0
➡
5 2
× 6 7
3 6 4 ··· 52×7
3 1 2 0 ··· 52×60
3 4 8 4
2×6은 실제로 2×60이므로 2×6=12에서
10은 받아올림, 2는 십의 자리에 쓰고, 일의 자리에 0을 표시합니다.

계산해 보세요.

$$\begin{array}{r} 57 \\ \times\ 93 \\ \hline 171 \\ \square \\ \hline \square \end{array}$$

$\cdots\ 57\times$ 3

$\cdots\ 57\times \square$

$$\begin{array}{r} 46 \\ \times\ 35 \\ \hline \square \\ \square \\ \hline \square \end{array}$$

$\cdots\ 46\times \square$

$\cdots\ 46\times$ 30

$$\begin{array}{r} 17 \\ \times\ 67 \\ \hline \end{array}$$

$$\begin{array}{r} 66 \\ \times\ 23 \\ \hline \end{array}$$

$$\begin{array}{r} 45 \\ \times\ 32 \\ \hline \end{array}$$

$$\begin{array}{r} 38 \\ \times\ 37 \\ \hline \end{array}$$

$$\begin{array}{r} 26 \\ \times\ 68 \\ \hline \end{array}$$

$$\begin{array}{r} 54 \\ \times\ 54 \\ \hline \end{array}$$

$$\begin{array}{r} 83 \\ \times\ 25 \\ \hline \end{array}$$

$$\begin{array}{r} 72 \\ \times\ 69 \\ \hline \end{array}$$

59일 크고 작은 곱

주어진 수 카드를 빈칸에 한 번씩만 써넣어 계산 결과가 가장 큰 곱셈식을 만들고 계산해 보세요.

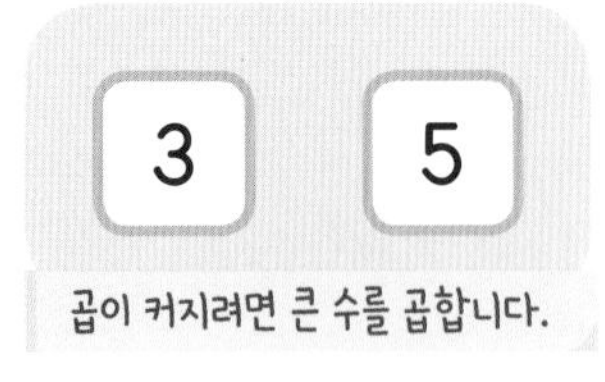

곱이 커지려면 큰 수를 곱합니다.

$$\begin{array}{r} 82 \\ \times \square\square \\ \hline \end{array}$$

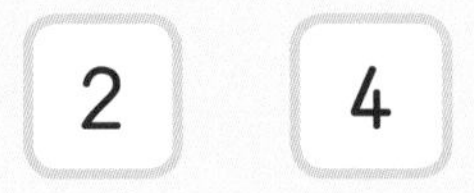

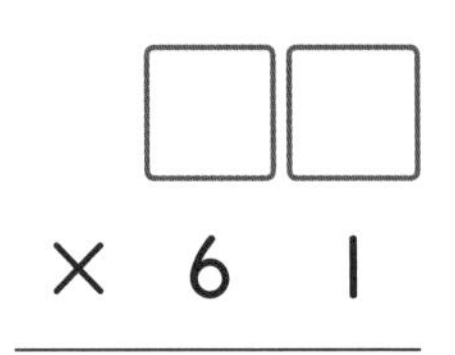

$$\begin{array}{r} \square\square \\ \times 61 \\ \hline \end{array}$$

3 4

31×42, 41×32 중에 큰 값을 찾습니다.

$$\begin{array}{r} \square 1 \\ \times \square 2 \\ \hline \end{array}$$

2 4 7

가장 작은 수 2는 일의 자리에 들어갑니다.

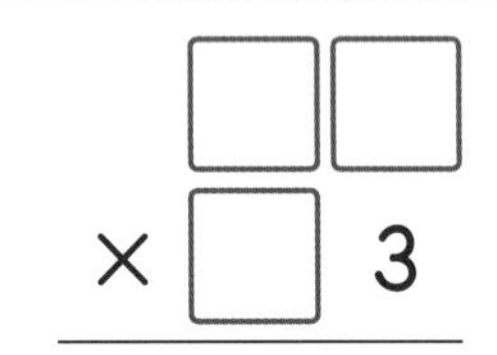

$$\begin{array}{r} \square\square \\ \times \square 3 \\ \hline \end{array}$$

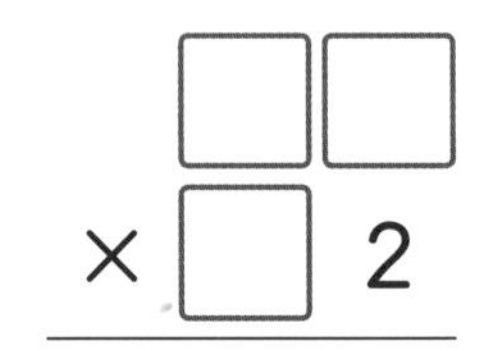

$$\begin{array}{r} \square\square \\ \times \square 2 \\ \hline \end{array}$$

3 4 6

$$\begin{array}{r} 5\square \\ \times \square\square \\ \hline \end{array}$$

1 4 5

$$\begin{array}{r} 9\square \\ \times \square\square \\ \hline \end{array}$$

주어진 수 카드를 빈칸에 한 번씩만 써넣어 계산 결과가 가장 작은 곱셈식을 만들고 계산해 보세요.

2 4

곱이 작아지려면 작은 수를 곱합니다.

1 3
× □□

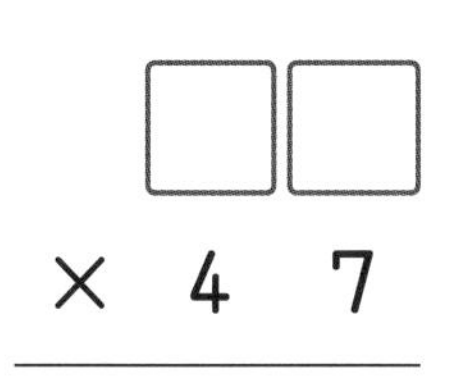

3 6

□□
× 4 7

1 3

19×34, 39×14 중에 작은 값을 찾습니다.

□ 9
× □ 4

1 5 8

가장 큰 수 8은 일의 자리에 들어갑니다.

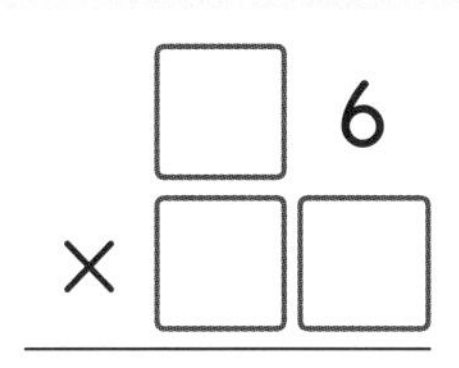

□ 6
× □□

3 5 7

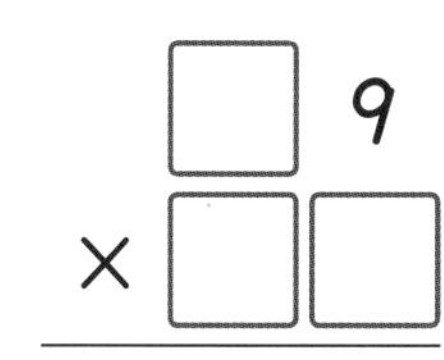

□ 9
× □□

2 5 7

□□
× 3 □

5 6 8

□□
× 4 □

60일 이야기하기

곱셈식으로 나타내고 답을 구해 보세요.

저금통에 50원짜리 동전이 35개 있습니다. 저금통에 있는 돈은 모두 얼마일까요?

식 ______________________ 답 __________ 원

호박이 한 상자에 26개씩 들어 있습니다. 23상자에 들어 있는 호박은 모두 몇 개일까요?

식 ______________________ 답 __________ 개

유지네 반 학생 36명이 각자 종이학을 42개씩 접었습니다. 학생들이 접은 종이학은 모두 몇 개일까요?

식 ______________________ 답 __________ 개

하루는 24시간이고, 1시간은 60분입니다. 하루는 몇 분일까요?

식 ______________________ 답 __________ 분

곱셈식으로 나타내고 답을 구해 보세요.

사과가 한 상자에 18개씩 들어 있습니다. 5명이 가진 상자에 들어 있는 사과는 모두 몇 개일까요?

이름	민우	소희	은찬	연서	채린	합계
사과 상자(상자)	6	8	7	5	9	35

식 ______________ 답 ______ 개

정우는 매주 화요일, 목요일, 토요일에 봉사활동을 50분씩 했습니다. 한 달 동안 봉사활동을 모두 몇 분 했을까요?

일	월	화	수	목	금	토
				1	2	3
4	5	6	7	8	9	10
11	12	13	14	15	16	17
18	19	20	21	22	23	24
25	26	27	28	29	30	31

식 ______________ 답 ______ 분

물음에 답하세요.

필리핀 돈 1페소는 한국 돈 24원, 태국 돈 1바트는 한국 돈 37원과 같습니다. 필리핀 돈 15페소와 태국 돈 26바트를 합하면 한국 돈 얼마와 같을까요?

필리핀 돈 1페소 = 한국 돈 24원

태국 돈 1바트 = 한국 돈 37원

(　　　　　　　)원

공에 적힌 색깔에 따라 점수를 얻습니다. 민규는 초록색 공 27개와 빨간색 공 13개를 뽑았습니다. 민규가 얻은 점수는 모두 몇 점일까요?

공 색깔	노란색	초록색	빨간색	파란색
점수(점)	10	20	50	80

(　　　　　　　)점

수아네 반 학생들이 자두 30개와 바나나 15개를 나누어 먹었습니다. 수아네 반 학생들이 먹은 과일의 열량은 모두 몇 킬로칼로리일까요?

과일	자두 1개	귤 1개	바나나 1개	복숭아 1개
열량(킬로칼로리)	17	30	93	68

(　　　　　　　)킬로칼로리

61일~65일

3주차 두 자리 수 나눗셈

61 일 내림이 없는 나눗셈

그림을 보고 나눗셈을 해 보세요.

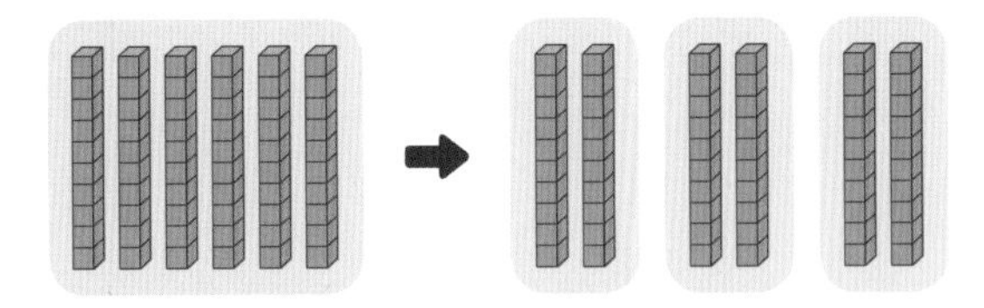

$60 \div 3 =$ 20

60을 3으로 나눈 몫은 20입니다.

$$\begin{array}{r} \square\square \\ 3\overline{)\,6\;0} \\ 6\;0 \leftarrow 3\times20 \\ \hline 0 \end{array}$$

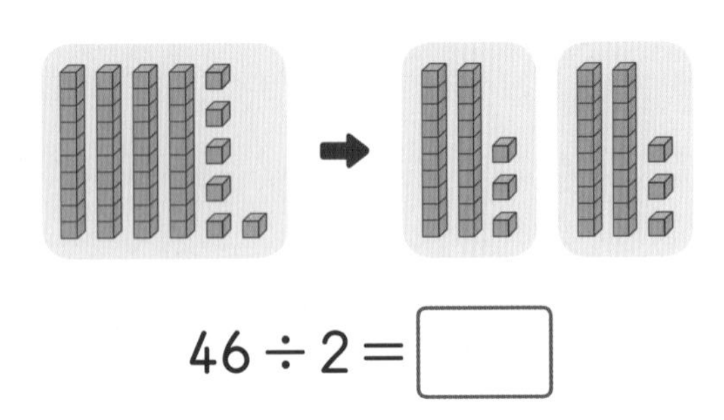

$46 \div 2 = \square$

$$\begin{array}{r} \square\square \\ 2\overline{)\,4\;6} \\ \square\;0 \leftarrow 2\times\square \\ \hline 6 \\ \square \leftarrow 2\times\square \\ \hline 0 \end{array}$$

나눗셈은 높은 자리 숫자부터 계산합니다.

★ 내림이 없는 나눗셈

$96\div3=32$ ➡ $\begin{array}{r} 3\;2 \\ 3\overline{)\,9\;6} \end{array}$ ← 몫

나누는 수 (3), 나누어지는 수 (96)

나눗셈식을 세로로 나타내면
나누어지는 수는 ⟌ 아래, 나누는 수는
⟌ 왼쪽, 몫은 ⟌ 위에 씁니다.

$3\overline{)\,9\;6}$ ➡ $\begin{array}{r} 3 \\ 3\overline{)\,9\;6} \\ 9\;0 \\ \hline \end{array}$ ← $3\times30=90$ ➡

십의 자리 숫자 9에는 3이
3번 들어가므로(3×3=9)
몫의 십의 자리에 3을 씁니다.

계산을 하세요.

$$\begin{array}{r} 30 \\ 2\overline{)60} \\ 6 \\ \hline 0 \end{array}$$

실제로 나눗셈을 할 때는 2×30=60에서 0을 생략하여 씁니다.

$2\overline{)40}$

$9\overline{)90}$

$4\overline{)80}$

$$\begin{array}{r} 12 \\ 3\overline{)36} \\ 3 \\ \hline 6 \\ 6 \\ \hline 0 \end{array}$$

$2\overline{)28}$

$3\overline{)69}$

$5\overline{)55}$

$62 \div 2$

$48 \div 4$

$39 \div 3$

$86 \div 2$

$$\begin{array}{r} 3 \\ 3\overline{)96} \\ 90 \\ \hline 6 \end{array}$$

일의 자리 숫자 6은 그대로 내려씁니다.

➡

$$\begin{array}{r} 32 \\ 3\overline{)96} \\ 90 \\ \hline 6 \\ 6 \\ \hline \end{array}$$

← 3×2=6

일의 자리 숫자 6에는 3이 2번 들어가므로(3×2=6) 몫의 일의 자리에 2를 씁니다.

➡

$$\begin{array}{r} 32 \\ 3\overline{)96} \\ 90 \\ \hline 6 \\ 6 \\ \hline 0 \end{array}$$

6−6=0이므로 0을 아래에 씁니다.

62일 내림이 있는 나눗셈

그림을 보고 나눗셈을 해 보세요.

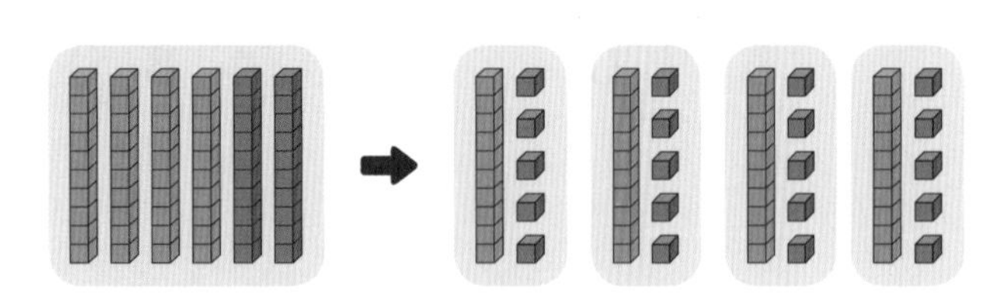

$60 \div 4 =$ 15

$$\begin{array}{r} \square\square \\ 4\overline{)\,6\;0} \\ 4\;0 \\ \hline 2\;0 \\ \square\square \\ \hline 0 \end{array}$$

40 ← 4×10

□□ ← 4×□

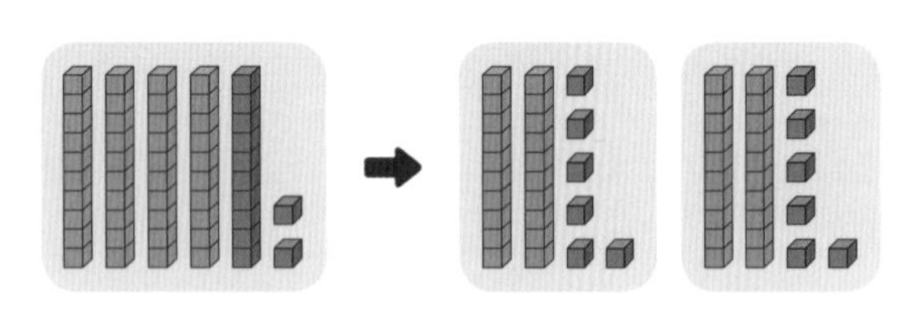

$52 \div 2 =$ □

$$\begin{array}{r} \square\square \\ 2\overline{)\,5\;2} \\ \square\;0 \\ \hline 1\;2 \\ \square\square \\ \hline 0 \end{array}$$

□0 ← 2×□

□□ ← 2×□

★ 내림이 있는 나눗셈

$4\overline{)\,9\;2}$ ➡ $\begin{array}{r} 2 \\ 4\overline{)\,9\;2} \\ 8\;0 \\ \hline \end{array}$ ← 4×20=80

십의 자리 숫자 9에는 4가 2번 들어가므로(4×2=8) 몫의 십의 자리에 2를 씁니다. (9를 넘지 않으면서 9에 가장 가까운 수를 넣습니다.)

➡ $\begin{array}{r} 2 \\ 4\overline{)\,9\;2} \\ 8\;0 \\ \hline 1\;2 \end{array}$

9−8=1이므로 십의 자리에 1을 내려쓰고 일의 자리 숫자 2는 그대로 내려씁니다.

➡ $\begin{array}{r} 2\;3 \\ 4\overline{)\,9\;2} \\ 8\;0 \\ \hline 1\;2 \\ 1\;2 \\ \hline 0 \end{array}$ ← 4×3=12

12에는 4가 3번 들어가므로(4×3=12) 몫의 일의 자리에 3을 씁니다.

계산을 하세요.

$$\begin{array}{r} 25 \\ 2\overline{)50} \\ \underline{4} \\ 10 \\ \underline{10} \\ 0 \end{array}$$

실제로 나눗셈을 할 때는 2×20=40
에서 0을 생략하여 씁니다.

$5\overline{)60}$

$6\overline{)90}$

$5\overline{)80}$

$$\begin{array}{r} 28 \\ 3\overline{)84} \\ \underline{6} \\ 24 \\ \underline{24} \\ 0 \end{array}$$

십의 자리 숫자 8을 넘지 않으면서
8에 가장 가까운 3×2=6을 넣습니다.

$4\overline{)52}$

$7\overline{)84}$

$2\overline{)98}$

$90 \div 2$

$70 \div 5$

$75 \div 3$

$78 \div 6$

$64 \div 4$

$96 \div 8$

63 일

몫이 같은 식

몫이 같은 것끼리 이어 보세요.

$60 \div 6$	$60 \div 4$	$46 \div 2$	$42 \div 2$
$80 \div 4$	$30 \div 3$	$84 \div 4$	$99 \div 9$
$90 \div 6$	$60 \div 3$	$77 \div 7$	$69 \div 3$

$48 \div 3$	$72 \div 4$	$58 \div 2$	$96 \div 4$
$91 \div 7$	$65 \div 5$	$72 \div 3$	$87 \div 3$
$54 \div 3$	$64 \div 4$	$95 \div 5$	$57 \div 3$

몫이 다른 것 하나를 찾아 ×표 하세요.

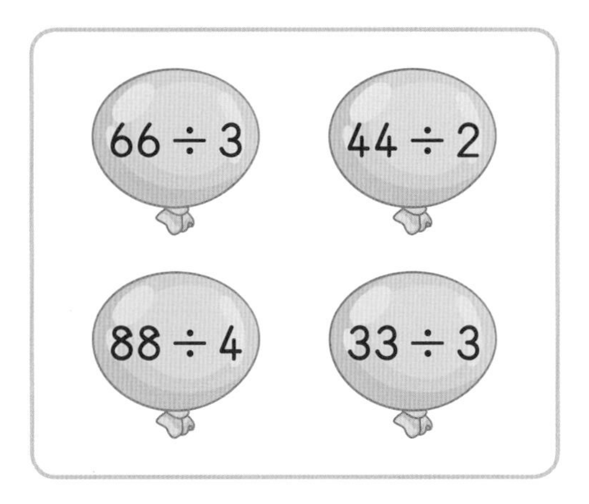

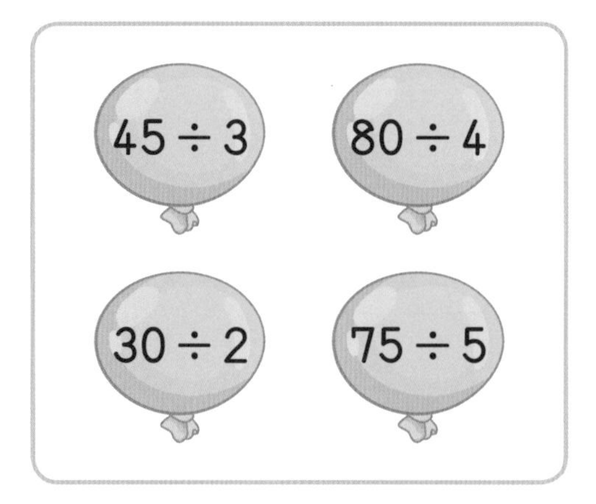

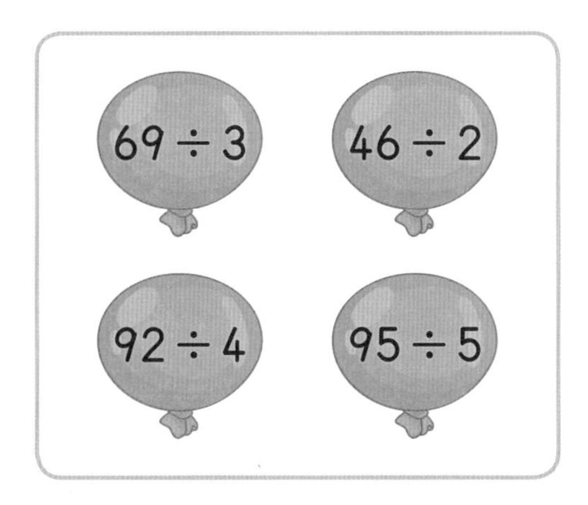

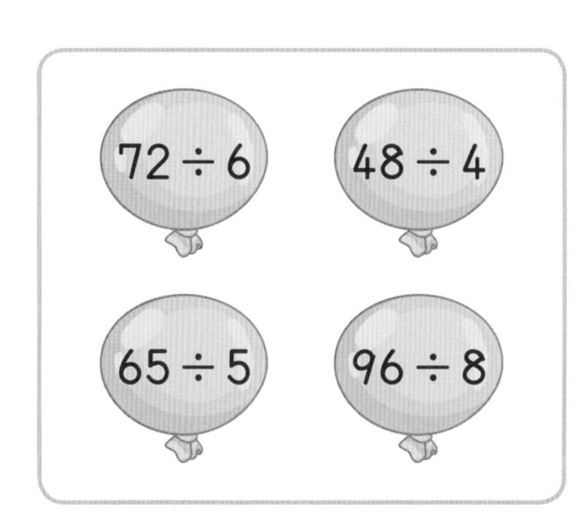

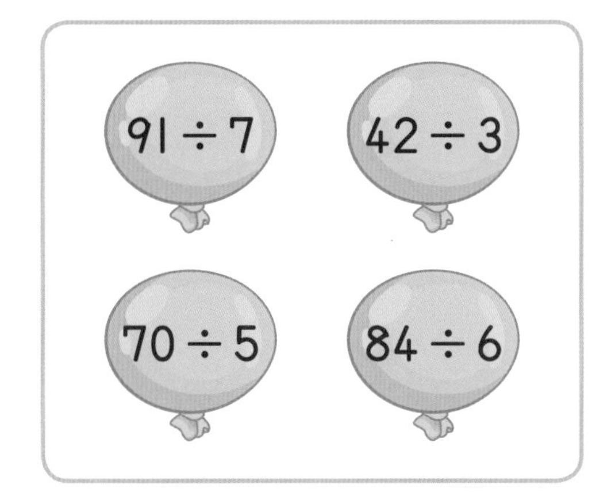

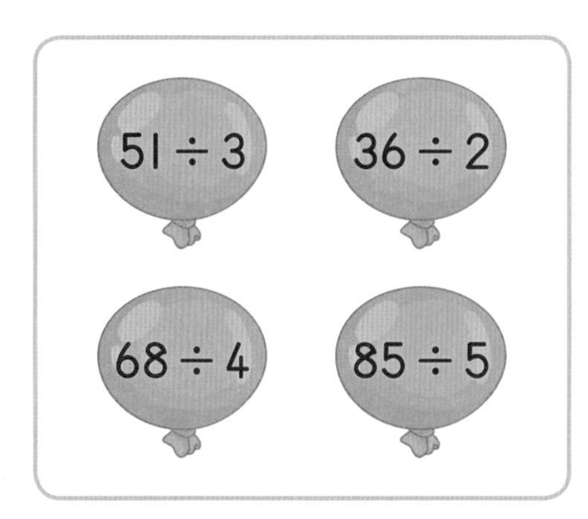

□가 있는 나눗셈

빈칸에 알맞은 수를 써넣으세요.

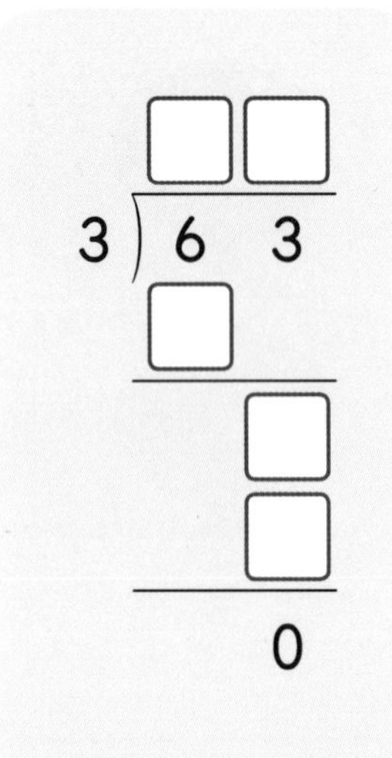

```
  □□
2)82
  □
   2
   □
   □
```

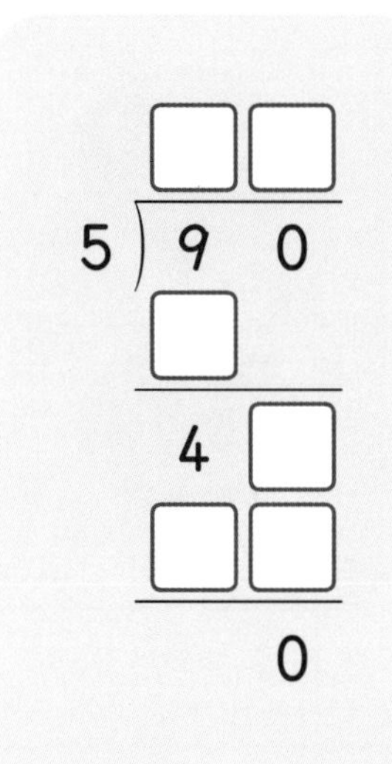

```
  □□
6)84
  □
  □4
  □□
   □
```

```
  □□
4)96
  □
  □□
  □□
   □
```

```
  □□
3)87
  □
  □□
  □□
   □
```

빈칸에 알맞은 수를 써넣으세요.

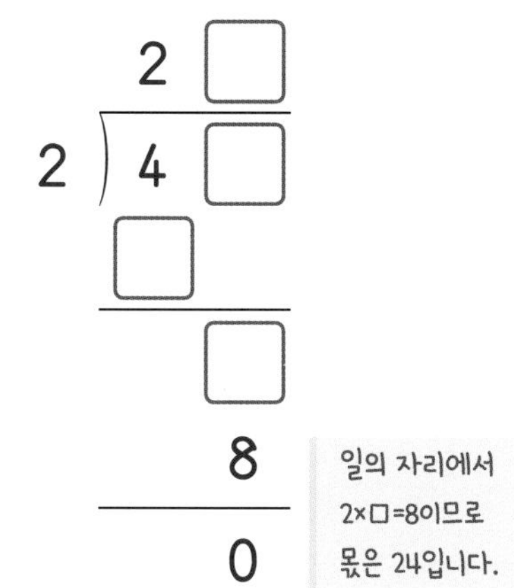

일의 자리에서
2×□=8이므로
몫은 24입니다.


```
    3 □
3 ) □ 6
    9
    ---
      6
      □
    ---
      □
```

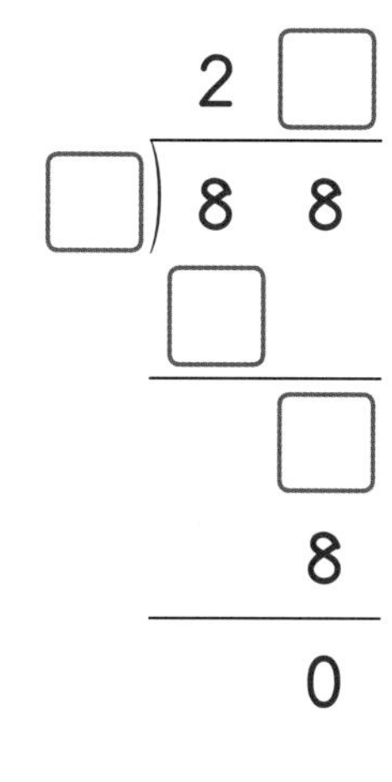

```
    3 5
2 ) □ 0
    6
    ---
    1 0
    □ □
    ---
      □
```

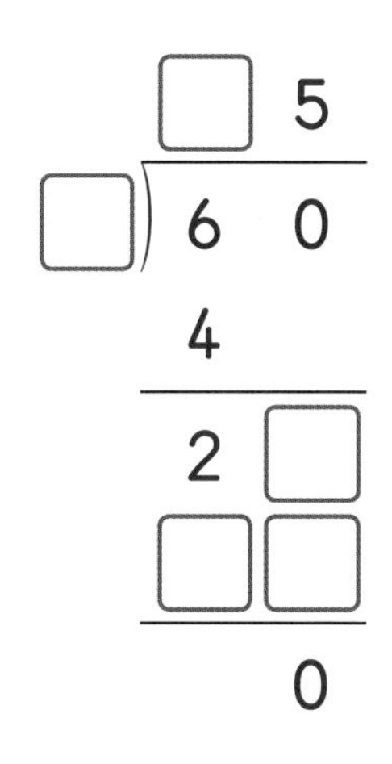

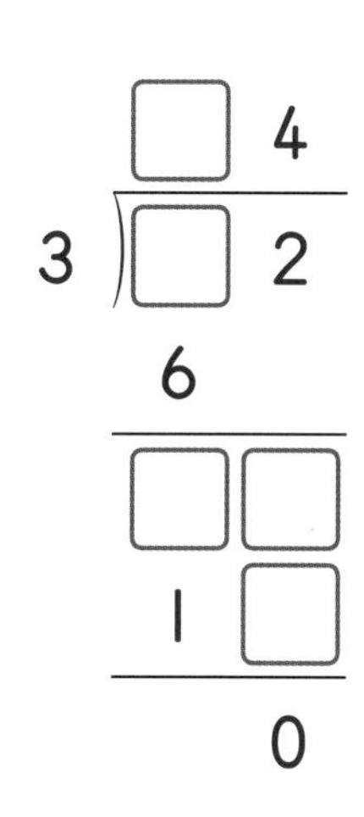

```
    1 □
6 ) □ 6
    6
    ---
    3 □
    □ 6
    ---
      □
```

```
    □ 5
5 ) 7 □
    □
    ---
    □ 5
    2 □
    ---
      0
```

```
    □ 7
□ ) 9 4
    □
    ---
    1 4
    □ □
    ---
      □
```

이야기하기

나눗셈식으로 나타내고 답을 구해 보세요.

구슬 62개를 한 명에게 2개씩 주면 몇 명에게 나누어 줄 수 있을까요?

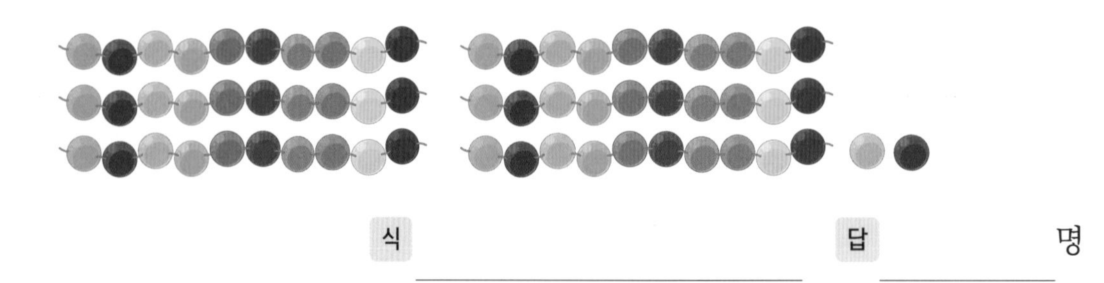

식 ______ 답 ______ 명

달걀 80개를 한 명당 5개씩 먹으면 몇 명이 먹을 수 있을까요?

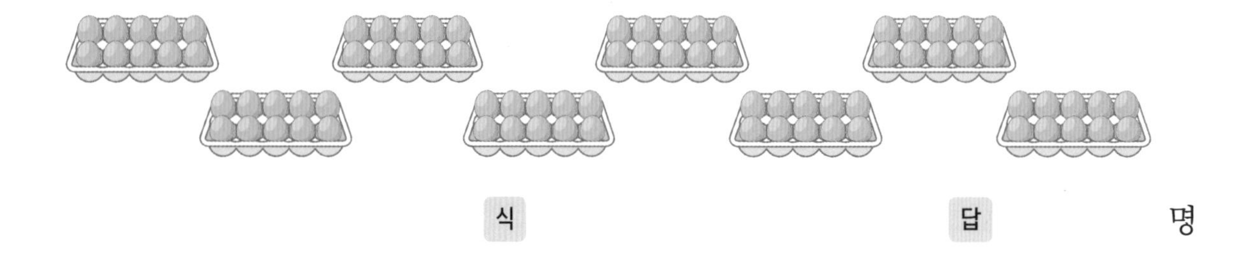

식 ______ 답 ______ 명

사과 64개를 한 접시에 4개씩 담으려면 접시는 몇 개 필요할까요?

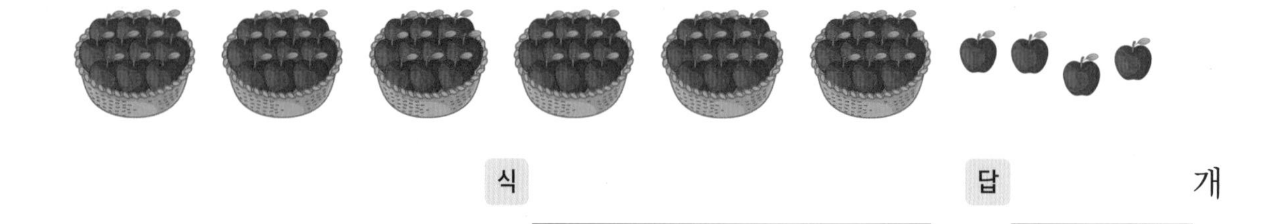

식 ______ 답 ______ 개

나눗셈식으로 나타내고 답을 구해 보세요.

지우개가 60개 있습니다. 한 명당 지우개를 3개씩 나누어 주면 몇 명에게 나누어 줄 수 있을까요?

식 ______________ 답 ______ 명

사탕 72개를 접시 3개에 똑같이 나누어 담으려고 합니다. 한 접시에는 사탕을 몇 개 담을 수 있을까요?

식 ______________ 답 ______ 개

농장에 있는 돼지의 다리 수를 세었더니 모두 84개 였습니다. 농장에 있는 돼지는 모두 몇 마리일까요?

식 ______________ 답 ______ 마리

선아는 일주일 동안 종이학 98개를 접으려고 합니다. 매일 똑같은 수만큼 접는다면 하루에 종이학을 몇 개씩 접어야 할까요?

식 ______________ 답 ______ 개

나눗셈식으로 나타내고 답을 구해 보세요.

색종이가 10장씩 5묶음이 있습니다. 색종이를 2명에게 똑같이 나누어 주려면 한 명에게 몇 장씩 주어야 할까요?

색종이가 모두 몇 장 있는지 구합니다.

식 ______ 답 ______ 장

학생들이 한 모둠에 6명씩 12모둠이 있습니다. 학생들을 한 모둠에 4명씩 있도록 나눈다면 모두 몇 모둠이 될까요?

식 ______ 답 ______ 모둠

강당에 남학생 34명과 여학생 36명이 있습니다. 학생 5명당 피자 한 판을 먹는다면 피자는 모두 몇 판 필요할까요?

식 ______ 답 ______ 판

파란색 풍선이 42개, 노란색 풍선이 54개 있습니다. 풍선을 8명에게 똑같이 나누어 준다면 한 명에게 풍선을 몇 개씩 줄 수 있을까요?

식 ______ 답 ______ 개

66일~70일

4주차 나머지가 있는 나눗셈

나머지가 있는 나눗셈 (1)

그림을 보고 나눗셈을 해 보세요.

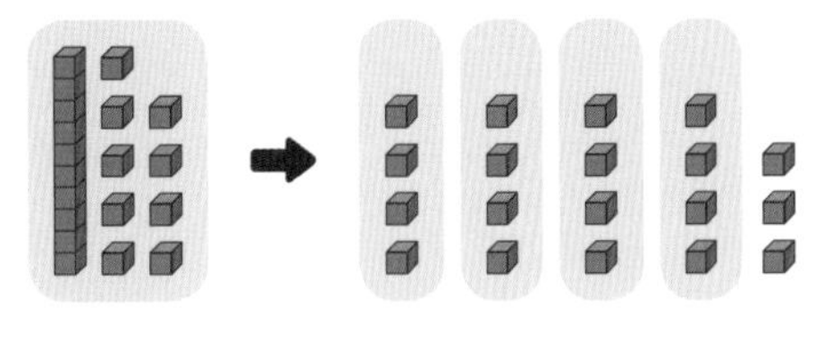

$19 \div 4 = $ [4] ⋯ [3]

나눗셈을 가로로 쓸 때는 몫의 오른쪽에 ⋯을 쓰고 그 옆에 나머지를 씁니다.

```
      □
4 ) 1 9
    1 6  ← 4×4
    ───
      □
```

십의 자리 1에는 4가 들어갈 수 없으므로 일의 자리에서 19를 보고 4를 4번 넣습니다.

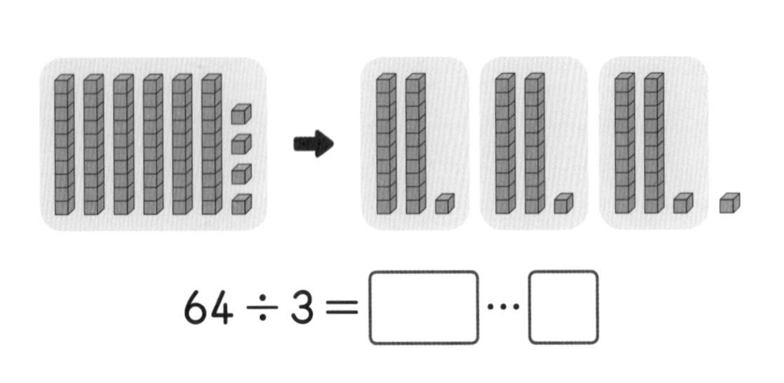

$64 \div 3 = $ □ ⋯ □

```
    □ □
3 ) 6 4
    6 0  ← 3×□
    ───
      4
      □  ← 3×□
    ───
      □
```

일의 자리 숫자 4를 넘지 않으면서 4에 가장 가까운 3×1=3을 넣습니다.

★ 몫과 나머지

```
     1 2  ← 몫
3 ) 3 8
    3
    ───
      8
      6
    ───
      2  ← 나머지
```

➡ $38 \div 3 = 12 \cdots 2$ (12: 몫, 2: 나머지)

일의 자리 8에는 3이 2번 들어가고 2가 남습니다.

38을 3으로 나누면 몫은 12이고, 2가 남습니다.
이때 2를 38÷3의 나머지라고 합니다.
나머지가 없으면 나머지가 0입니다.
나머지가 0일 때 나누어떨어진다고 합니다.

나머지는 항상 나누는 수보다 작습니다.

계산을 하고 몫과 나머지를 써넣으세요.

$5\overline{)23}$ 몫 ☐ 나머지 ☐

$7\overline{)34}$ 몫 ☐ 나머지 ☐

$9\overline{)56}$ 몫 ☐ 나머지 ☐

$2\overline{)85}$ 몫 ☐ 나머지 ☐

$7\overline{)79}$ 몫 ☐ 나머지 ☐

$4\overline{)83}$ 몫 ☐ 나머지 ☐

$37 \div 6$

$41 \div 7$

$65 \div 3$

$43 \div 4$

$47 \div 2$

$59 \div 5$

67 일 나머지가 있는 나눗셈 (2)

그림을 보고 나눗셈을 해 보세요.

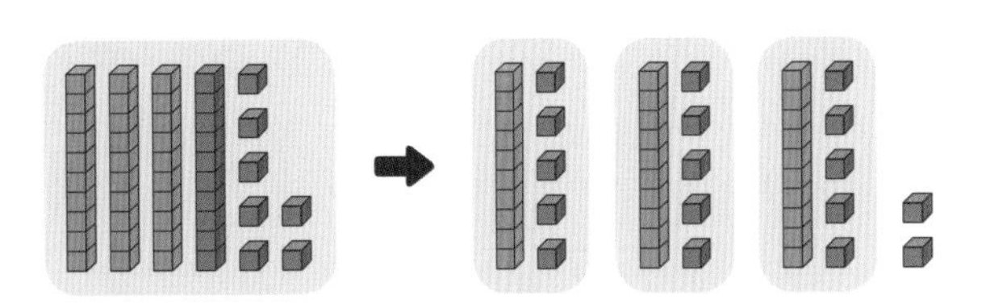

$47 \div 3 =$ [15] ⋯ [2]

나머지는 나누는 수보다 작습니다.

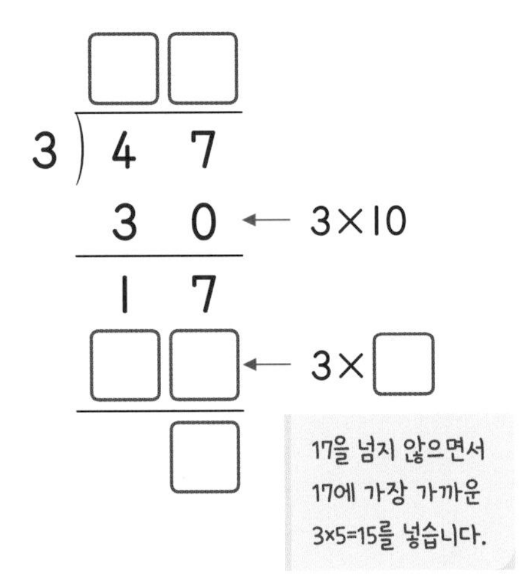

$$3 \,) \, \overline{\begin{array}{cc} 4 & 7 \end{array}}$$
$$\begin{array}{cc} 3 & 0 \end{array} \leftarrow 3 \times 10$$
$$\begin{array}{cc} 1 & 7 \end{array}$$
$$\leftarrow 3 \times \boxed{}$$

17을 넘지 않으면서 17에 가장 가까운 3×5=15를 넣습니다.

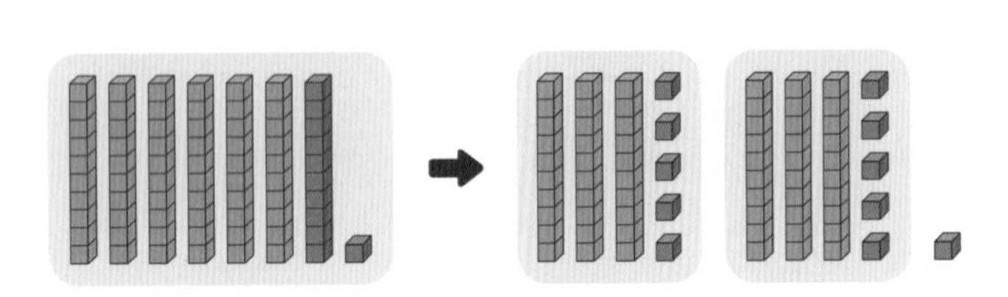

$71 \div 2 =$ [ ] ⋯ [ ]

2) 7 1
6 0 ← 2×□
1 1
□□ ← 2×□
□

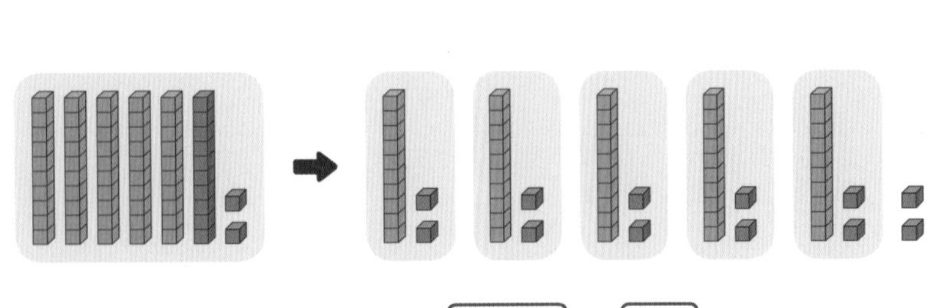

$62 \div 5 =$ [ ] ⋯ [ ]

5) 6 2
□ 0 ← 5×10
1 □
□□ ← 5×2
□

계산을 하고 몫과 나머지를 써넣으세요.

$5\overline{)88}$ 몫 ☐ 나머지 ☐

$4\overline{)93}$ 몫 ☐ 나머지 ☐

$2\overline{)79}$ 몫 ☐ 나머지 ☐

$3\overline{)76}$ 몫 ☐ 나머지 ☐

$7\overline{)80}$ 몫 ☐ 나머지 ☐

$6\overline{)95}$ 몫 ☐ 나머지 ☐

$94 \div 6$

$75 \div 2$

$53 \div 3$

$99 \div 5$

$67 \div 4$

$85 \div 3$

68 일 나머지

나머지가 가장 큰 식에 ○표 하세요.

$38 \div 5$	$27 \div 3$
$40 \div 7$	$33 \div 4$

$56 \div 6$	$17 \div 9$
$35 \div 4$	$41 \div 8$

$63 \div 6$	$88 \div 6$
$42 \div 6$	$77 \div 6$

$58 \div 5$	$47 \div 3$
$52 \div 4$	$93 \div 2$

$54 \div 8$	$95 \div 9$
$64 \div 9$	$87 \div 8$

$74 \div 5$	$96 \div 7$
$86 \div 6$	$65 \div 8$

월 일

나머지가 ◯ 안의 수가 될 수 없는 것에 모두 ○표 하세요.

5 — □ ÷ 7 　 □ ÷ 5 　 □ ÷ 6 　 □ ÷ 4

3 — □ ÷ 5 　 □ ÷ 4 　 □ ÷ 2 　 □ ÷ 1

6 — □ ÷ 3 　 □ ÷ 7 　 □ ÷ 9 　 □ ÷ 6

7 — □ ÷ 5 　 □ ÷ 8 　 □ ÷ 9 　 □ ÷ 2

4 — □ ÷ 8 　 □ ÷ 4 　 □ ÷ 2 　 □ ÷ 6

69 일 나누어떨어지는 수

빈칸에 넣었을 때 나누어떨어지는 수에 모두 ○표 하세요.

$20 \div \square$ 1 2 3 4 5 6 7 8 9

$36 \div \square$ 1 2 3 4 5 6 7 8 9

$48 \div \square$ 1 2 3 4 5 6 7 8 9

$60 \div \square$ 1 2 3 4 5 6 7 8 9

$70 \div \square$ 1 2 3 4 5 6 7 8 9

$99 \div \square$ 1 2 3 4 5 6 7 8 9

나누어떨어지는 나눗셈입니다. 빈칸에 알맞은 수를 써넣으세요. 단, 나누어지는 수는 두 자리 수입니다.

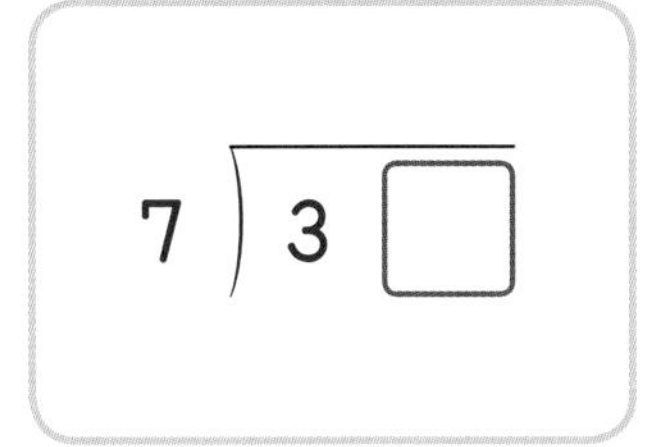

8)5□

6)8□

9)□1

7)□7

9)□3

2□ ÷ 6

5□ ÷ 9

9□ ÷ 8

8□ ÷ 7

□6 ÷ 7

□9 ÷ 9

70 일 이야기하기

나눗셈식으로 나타내고 답을 구해 보세요.

사탕이 47개 있습니다. 사탕을 5명이 똑같이 나누어 가진다면 한 명이 사탕을 몇 개씩 가질 수 있고, 몇 개가 남을까요?

한 명이 가지는 사탕 수가 몫, 남는 사탕의 수가 나머지입니다.

식

답 한 명이 ☐ 개씩 가질 수 있고, ☐ 개가 남습니다.

빵 83개를 한 봉지에 4개씩 담으려고 합니다. 봉지는 몇 개가 필요하고, 빵은 몇 개가 남을까요?

식

답 봉지는 ☐ 개 필요하고, 빵은 ☐ 개가 남습니다.

구슬 70개를 상자 6개에 똑같이 나누어 담으려고 합니다. 구슬을 한 상자에 몇 개씩 담을 수 있고, 몇 개가 남을까요?

식

답 한 상자에 ☐ 개씩 담을 수 있고, ☐ 개가 남습니다.

나눗셈식으로 나타내고 답을 구해 보세요.

테니스공 39개를 한 상자에 6개씩 담으려고 합니다. 상자는 몇 개가 필요하고, 테니스공은 몇 개가 남을까요?

식 ______________________

답 ________ 개, 남은 테니스공의 수 ________ 개

공책 90권을 한 명에게 4권씩 나누어 주려고 합니다. 몇 명에게 나누어 줄 수 있고, 공책은 몇 권 남을까요?

식 ______________________

답 ________ 명, 남은 공책의 수 ________ 권

89일은 몇 주이고, 남은 날 수는 며칠일까요?

식 ______________________

답 ________ 주, 남은 날 수 ________ 일

수 카드를 한 번씩만 사용하여 몫이 가장 큰 나눗셈식을 만들고 계산해 보세요.

2 6 5

65 ÷ 2 = ______

몫이 크려면 큰 수를 나누어야 합니다.

7 3 4

□□ ÷ □ = ______

6 9 5

□□ ÷ □ = ______

3 5 8

□□ ÷ □ = ______

4 2 9

□□ ÷ □ = ______

8 7 6

□□ ÷ □ = ______

7 8 9

□□ ÷ □ = ______

9 4 5

□□ ÷ □ = ______

71일~75일

5주차 세 자리 수 나눗셈

나머지가 없는 나눗셈

빈칸에 알맞은 수를 써넣으세요.

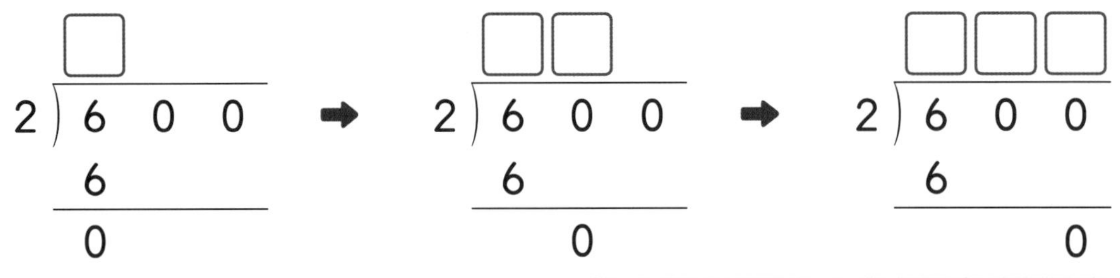

600÷2의 몫은 6÷2의 몫에 0을 2개 더 붙인 것과 같습니다.

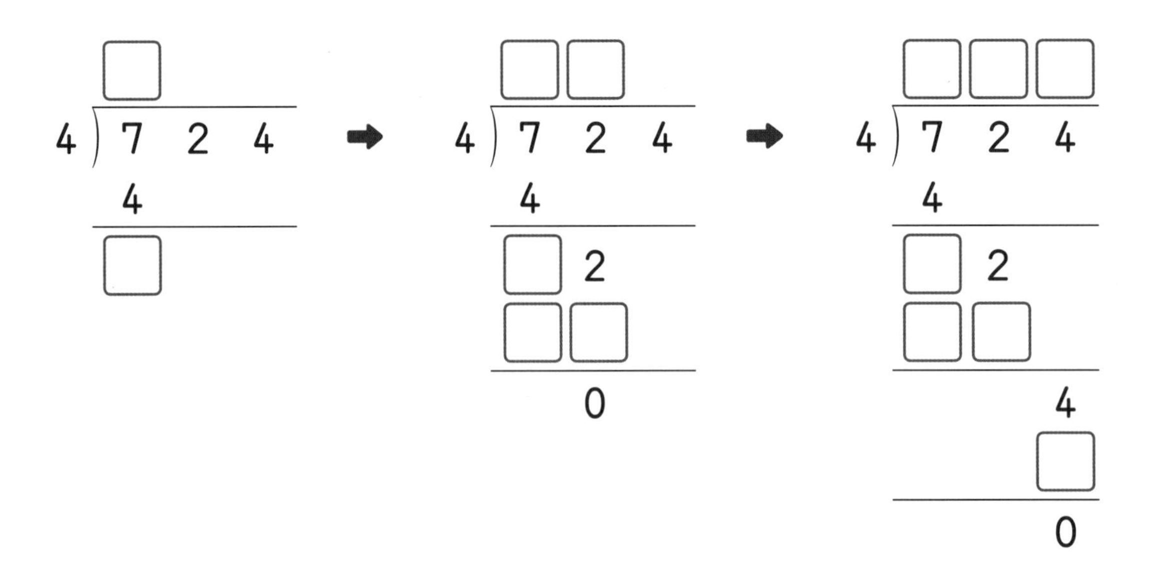

$5\overline{)345}$: 30, □ → □□ ; 30, □5, □□, 0

백의 자리 3에는 5가 들어갈 수 없으므로
십의 자리에서 34를 보고 5를 6번 넣습니다.

계산을 하세요.

$$\begin{array}{r} 200 \\ 2\overline{)400} \\ \underline{4} \\ 0 \end{array}$$

세 자리 수 나눗셈도 두 자리 수 나눗셈과 같이 높은 자리부터 차례로 나누어 갑니다.

$$7\overline{)700}$$

$$4\overline{)560}$$

$$\begin{array}{r} 140 \\ 6\overline{)840} \\ \underline{6} \\ 24 \\ \underline{24} \\ 0 \end{array}$$

$$3\overline{)732}$$

$$2\overline{)934}$$

$270 \div 3$

$275 \div 5$

$402 \div 6$

$904 \div 8$

$716 \div 4$

$987 \div 7$

나머지가 있는 나눗셈

빈칸에 알맞은 수를 써넣으세요.

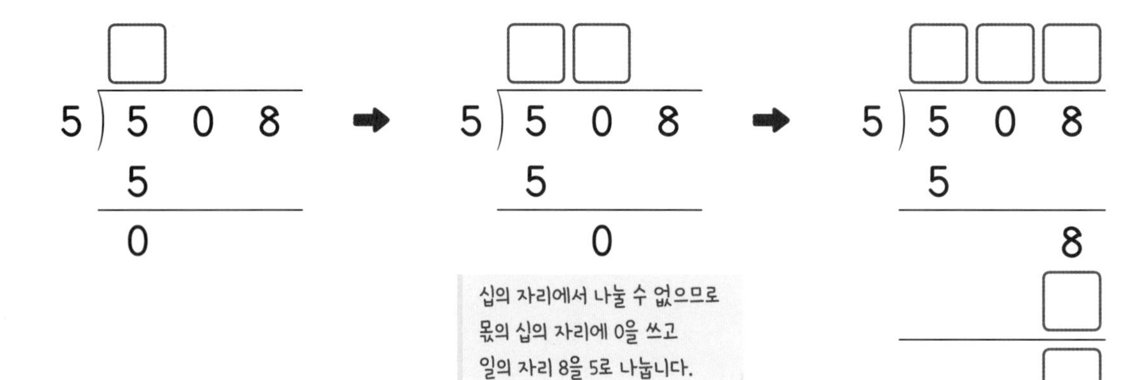

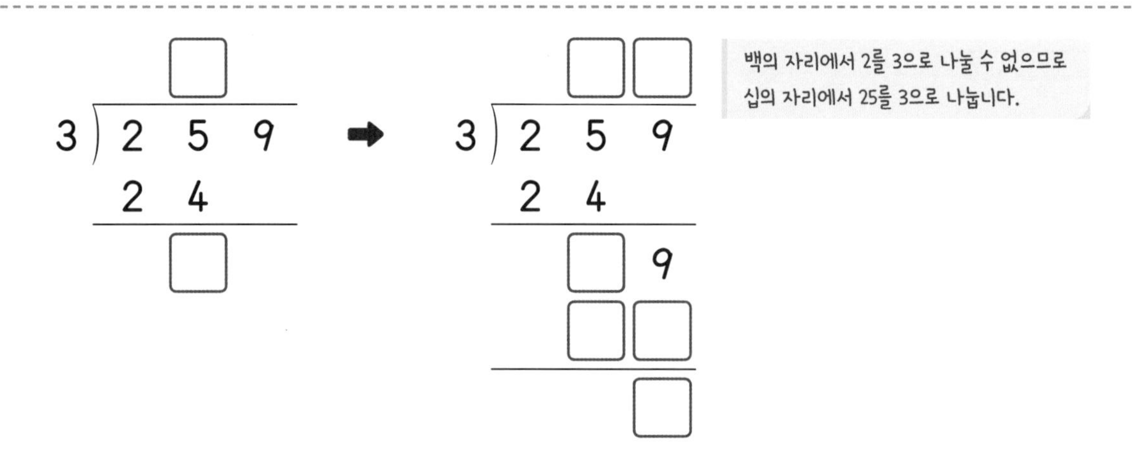

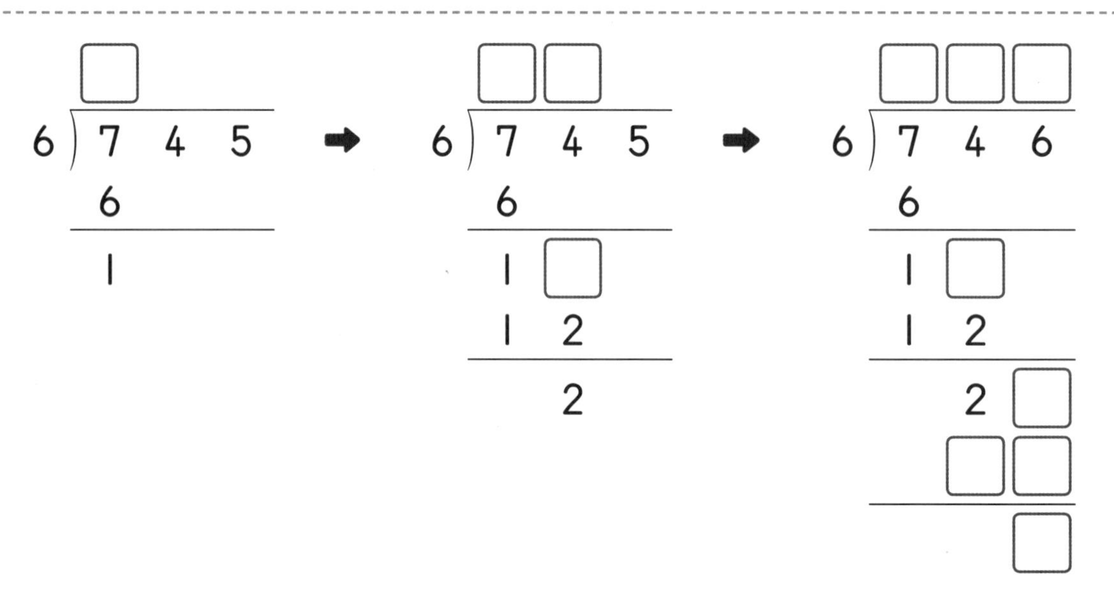

계산을 하세요.

$$\begin{array}{r} 100 \\ 3\overline{)302} \\ \underline{3} \\ 2 \end{array}$$

$5\overline{)256}$

$4\overline{)603}$

$8\overline{)474}$

$2\overline{)593}$

$7\overline{)731}$

$607 \div 6$

$903 \div 4$

$819 \div 8$

$514 \div 3$

$742 \div 5$

$965 \div 7$

73일 이야기하기

나눗셈식으로 나타내고 답을 구해 보세요.

하은이네 학교에서 색종이 600장을 한 명당 4장씩 나누어 주려고 합니다. 색종이를 몇 명에게 나누어 줄 수 있을까요?

식 ________________ 답 ________ 명

마을 회관에서 만든 송편 480개를 3상자에 똑같이 나누어 담으려고 합니다. 한 상자에는 송편을 몇 개씩 담을 수 있을까요?

식 ________________ 답 ________ 개

사과가 275개 있습니다. 사과를 한 봉지에 5개씩 담는다면 봉지는 몇 개 필요할까요?

식 ________________ 답 ________ 개

농장에서 수확한 토마토 936개를 8가족이 똑같이 나누어 가지려고 합니다. 한 가족당 토마토를 몇 개씩 가질 수 있을까요?

식 ________________ 답 ________ 개

나눗셈식으로 나타내고 답을 구해 보세요.

학생 406명이 있습니다. 학생들이 4명씩 한 모둠을 만든다면 몇 모둠이 되고, 몇 명이 남을까요?

식

답 ☐ 모둠이 되고, ☐ 명이 남습니다.

클립 855개를 6상자에 똑같이 나누어 담으려고 합니다. 클립을 한 상자에 몇 개씩 담을 수 있고, 몇 개가 남을까요?

식

답 한 상자에 ☐ 개씩 담을 수 있고, ☐ 개가 남습니다.

1년은 365일입니다. 365일은 몇 주이고, 남은 날 수는 며칠일까요?

식

답 ☐ 주이고, 남은 날 수는 ☐ 일입니다.

계산이 맞는지 확인하기

계산해 보고 결과가 맞는지 확인해 보세요.

$29 \div 4 = \square \cdots \square$

확인 $4 \times \square = 28$, $28 + \square = 29$

(↑ 나누는 수, ↑ 몫, ↑ 나머지, ↑ 나누어지는 수)

$19 \div 8 = \square \cdots \square$

확인 $8 \times \square = 16$, $\square + \square = 19$

$52 \div 3 = \square \cdots \square$

확인 $\square \times 17 = 51$, $\square + \square = 52$

$63 \div 6 = \square \cdots \square$

확인 $\square \times 10 = \square$, $\square + \square = 63$

★ 나눗셈 확인하기

$32 \div 4 = 8$
⬇
$4 \times 8 = 32$

$34 \div 4 = 8 \cdots 2$
⬇
$4 \times 8 = 32$, $32 + 2 = 34$

나누는 수와 몫을 곱하면 나누어지는 수가 됩니다. 이것은 곱셈과 나눗셈의 관계와 같습니다.
나머지가 있는 경우 나누는 수와 몫의 곱에 나머지를 더하면 나누어지는 수가 됩니다.
나머지는 나누고 남은 수이므로 남은 수를 더해야 처음의 나누어지는 수가 됩니다.

계산해 보고 결과가 맞는지 확인해 보세요.

$$\begin{array}{r} 7 \\ 6\overline{)46} \\ 42 \\ \hline 4 \end{array}$$

확인 6 ×

$$7\overline{)60}$$

확인

$$3\overline{)88}$$

확인

$$5\overline{)92}$$

확인

75 일

식 완성하기

어떤 나눗셈식의 계산 결과가 맞는지 확인하는 식입니다. 계산한 나눗셈식을 완성해 보세요.

$9 \times 4 = 36$, $36 + 5 = 41$

식 $41 \div 9 = \square \cdots \square$

$8 \times 5 = 40$, $40 + 7 = 47$

식 $47 \div \square = 5 \cdots \square$

$3 \times 16 = 48$, $48 + 2 = 50$

식 $\square \div 3 = \square \cdots \square$

$4 \times 23 = 92$, $92 + 1 = 93$

식 $\square \div \square = 23 \cdots \square$

$7 \times 11 = 77$, $77 + 6 = 83$

식 $\square \div 7 = \square \cdots \square$

$2 \times 37 = 74$, $74 + 1 = 75$

식 $\square \div \square = 37 \cdots \square$

월 일

빈칸에 알맞은 수를 써넣으세요.

$\square \div 4 = 5 \cdots 2$

4×5=20, 20+2=22

$16 \div \square = 3 \cdots 1$

□×3=△, △+1=16, △부터 구합니다.

$\square \div 6 = 9 \cdots 5$

$35 \div \square = 4 \cdots 3$

$\square \div 5 = 12 \cdots 3$

$47 \div \square = 7 \cdots 5$

$\square \div 8 = 11 \cdots 5$

$29 \div \square = 9 \cdots 2$

$\square \div 3 = 19 \cdots 1$

$80 \div \square = 8 \cdots 8$

$\square \div 4 = 21 \cdots 3$

$53 \div \square = 7 \cdots 4$

■ 물음에 답하세요.

어떤 수를 3으로 나누었더니 몫이 14이고 나머지가 2입니다. 어떤 수는 얼마일까요?

( )

어떤 수를 5로 나누었더니 몫이 16이고 나머지가 4입니다. 어떤 수는 얼마일까요?

( )

어떤 수를 4로 나누었더니 몫이 23이고 나머지가 3입니다. 어떤 수는 얼마일까요?

( )

어떤 수를 2로 나누었더니 몫이 38이고 나머지가 1입니다. 어떤 수는 얼마일까요?

( )

어떤 수를 6으로 나누었더니 몫이 13이고 나머지가 2입니다. 어떤 수는 얼마일까요?

( )

연산원리
상황판단
복합사고
문제해결

하루 한 장 75일
집중 완성

정답

초3

C3

곱셈과 나눗셈 (2)

HERO

정답

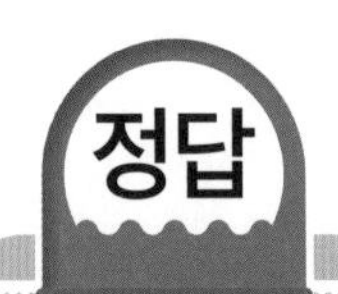

정답

8·9쪽

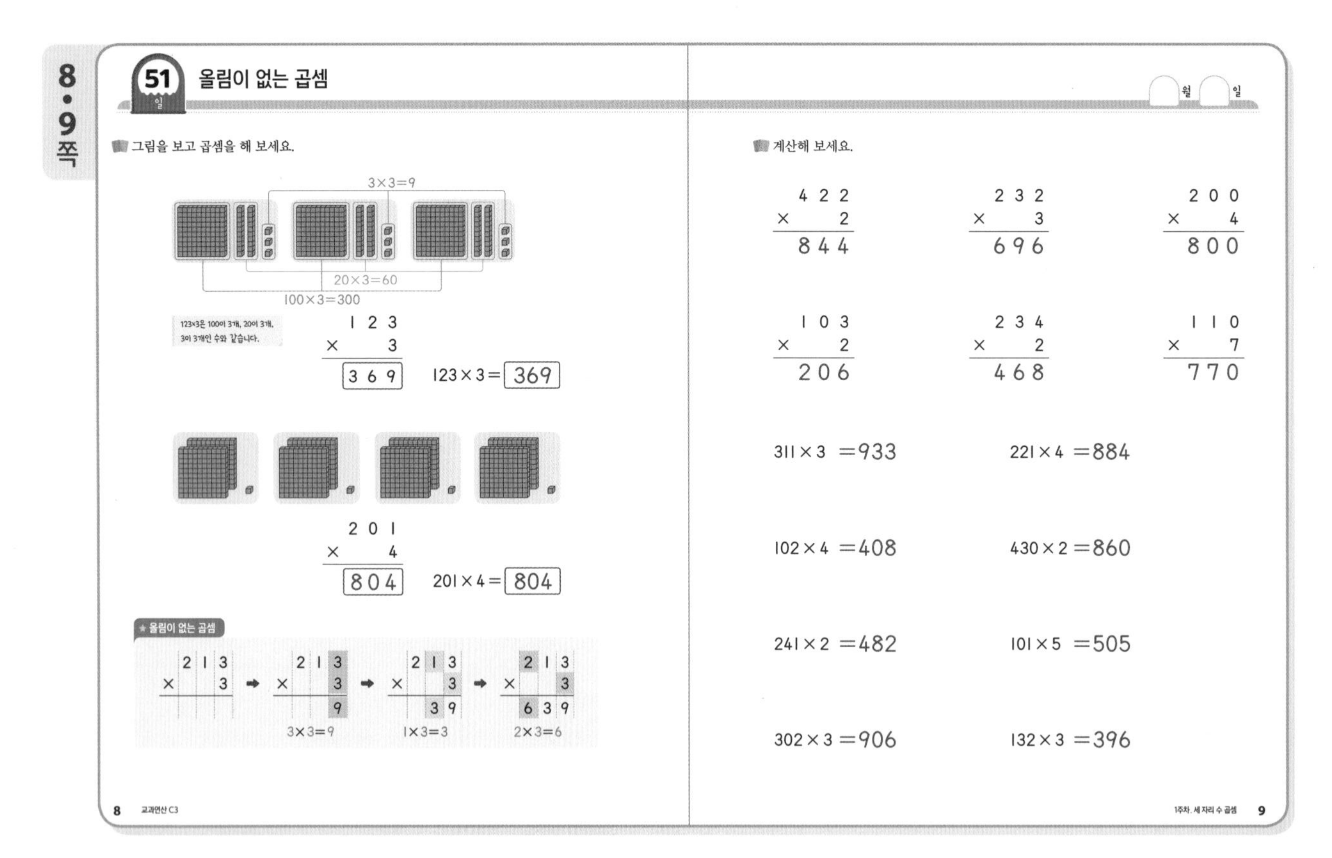

51일 올림이 없는 곱셈

월 일

■ 그림을 보고 곱셈을 해 보세요.

3×3=9, 20×3=60, 100×3=300

123×3은 100이 3개, 20이 3개, 3이 3개인 수와 같습니다.

$$\begin{array}{r} 123 \\ \times\ \ \ 3 \\ \hline 369 \end{array}$$

123×3 = 369

$$\begin{array}{r} 201 \\ \times\ \ \ 4 \\ \hline 804 \end{array}$$

201×4 = 804

★ 올림이 없는 곱셈

$$\begin{array}{r} 213 \\ \times\ \ \ 3 \\ \hline \end{array} \Rightarrow \begin{array}{r} 213 \\ \times\ \ \ 3 \\ \hline 9 \end{array} \Rightarrow \begin{array}{r} 213 \\ \times\ \ \ 3 \\ \hline 39 \end{array} \Rightarrow \begin{array}{r} 213 \\ \times\ \ \ 3 \\ \hline 639 \end{array}$$

3×3=9, 1×3=3, 2×3=6

■ 계산해 보세요.

$$\begin{array}{r} 422 \\ \times\ \ \ 2 \\ \hline 844 \end{array} \quad \begin{array}{r} 232 \\ \times\ \ \ 3 \\ \hline 696 \end{array} \quad \begin{array}{r} 200 \\ \times\ \ \ 4 \\ \hline 800 \end{array}$$

$$\begin{array}{r} 103 \\ \times\ \ \ 2 \\ \hline 206 \end{array} \quad \begin{array}{r} 234 \\ \times\ \ \ 2 \\ \hline 468 \end{array} \quad \begin{array}{r} 110 \\ \times\ \ \ 7 \\ \hline 770 \end{array}$$

311×3 =933 221×4 =884

102×4 =408 430×2 =860

241×2 =482 101×5 =505

302×3 =906 132×3 =396

8 교과연산 C3 1주차. 세 자리 수 곱셈 9

10·11쪽

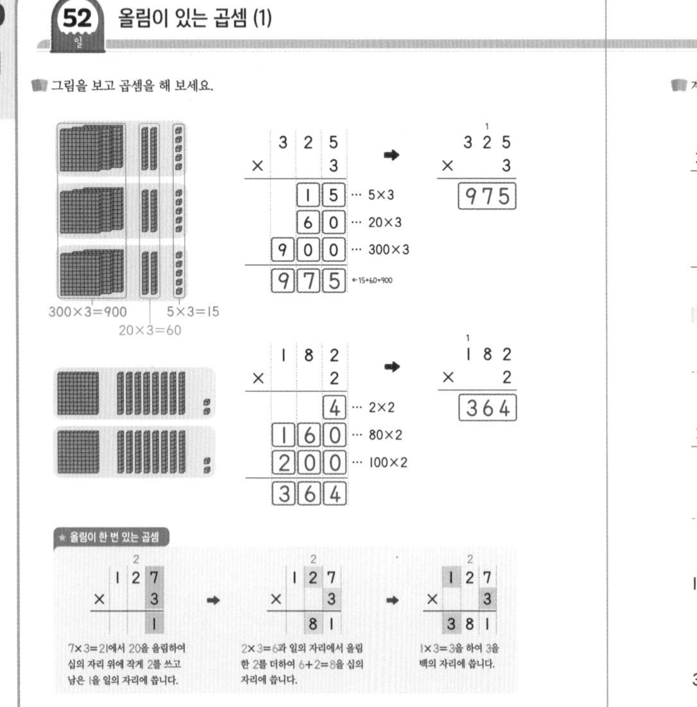

52일 올림이 있는 곱셈 (1)

■ 그림을 보고 곱셈을 해 보세요.

300×3=900, 20×3=60, 5×3=15

$$\begin{array}{r} 325 \\ \times\ \ \ 3 \\ \hline 15 \\ 60 \\ 900 \\ \hline 975 \end{array}$$

15 … 5×3, 60 … 20×3, 900 … 300×3, 975 ← 15+60+900

→ 325 × 3 = 975 (올림 1)

$$\begin{array}{r} 182 \\ \times\ \ \ 2 \\ \hline 4 \\ 160 \\ 200 \\ \hline 364 \end{array}$$

4 … 2×2, 160 … 80×2, 200 … 100×2

→ 182 × 2 = 364 (올림 1)

★ 올림이 한 번 있는 곱셈

$$\begin{array}{r} 127 \\ \times\ \ \ 3 \\ \hline 1 \end{array} \Rightarrow \begin{array}{r} 127 \\ \times\ \ \ 3 \\ \hline 81 \end{array} \Rightarrow \begin{array}{r} 127 \\ \times\ \ \ 3 \\ \hline 381 \end{array}$$

7×3=21에서 20을 올림하여 십의 자리 위에 작게 2를 쓰고 남은 1을 일의 자리에 씁니다.

2×3=6과 일의 자리에서 올림한 2를 더하여 6+2=8을 십의 자리에 씁니다.

1×3=3을 하여 3을 백의 자리에 씁니다.

10 교과연산 C3

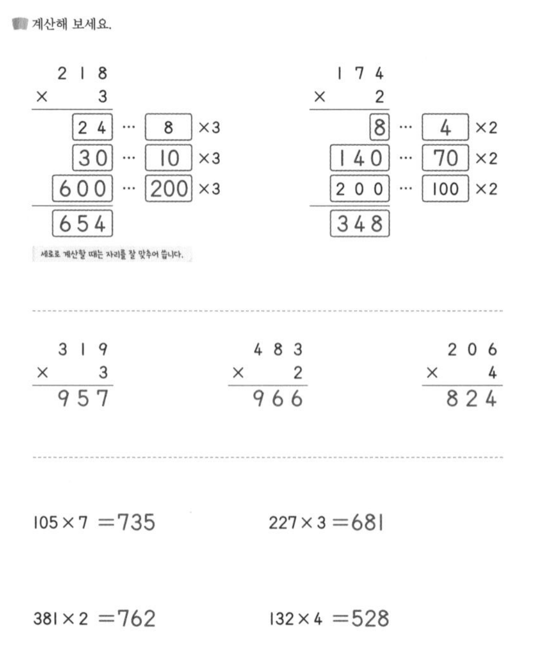

월 일

■ 계산해 보세요.

$$\begin{array}{r} 218 \\ \times\ \ \ 3 \\ \hline 24 \\ 30 \\ 600 \\ \hline 654 \end{array}$$

24 … 8 ×3, 30 … 10 ×3, 600 … 200 ×3

$$\begin{array}{r} 174 \\ \times\ \ \ 2 \\ \hline 8 \\ 140 \\ 200 \\ \hline 348 \end{array}$$

8 … 4 ×2, 140 … 70 ×2, 200 … 100 ×2

세로로 계산할 때는 자리를 잘 맞추어 씁니다.

$$\begin{array}{r} 319 \\ \times\ \ \ 3 \\ \hline 957 \end{array} \quad \begin{array}{r} 483 \\ \times\ \ \ 2 \\ \hline 966 \end{array} \quad \begin{array}{r} 206 \\ \times\ \ \ 4 \\ \hline 824 \end{array}$$

105×7 =735 227×3 =681

381×2 =762 132×4 =528

1주차. 세 자리 수 곱셈 11

12·13쪽

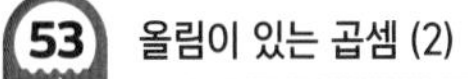

53일 올림이 있는 곱셈 (2)

월 일

그림을 보고 곱셈을 해 보세요.

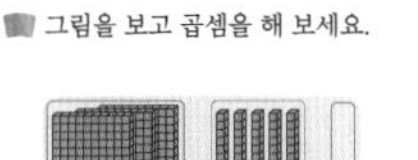
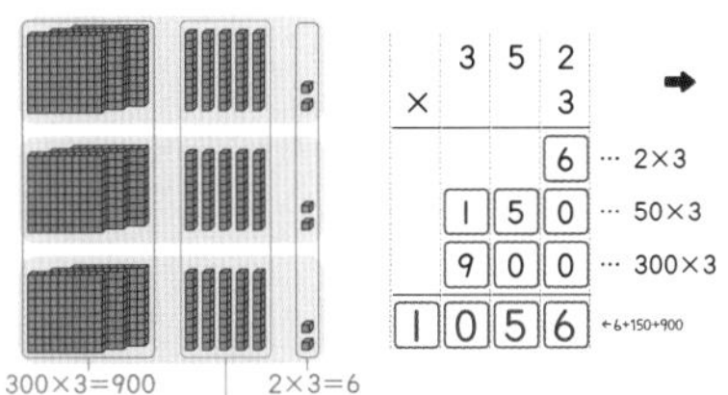
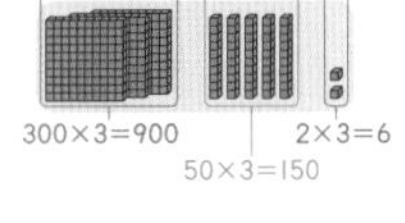

300×3=900　50×3=150　2×3=6

352 × 3
- 6 … 2×3
- 150 … 50×3
- 900 … 300×3
- 1056 ← 6+150+900

➡ 352 × 3 = 1056

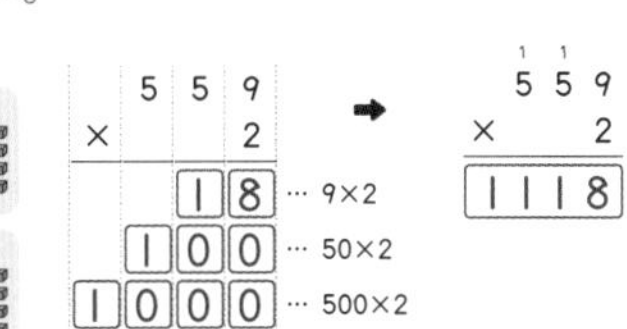

559 × 2
- 18 … 9×2
- 100 … 50×2
- 1000 … 500×2
- 1118

➡ 559 × 2 = 1118

올림이 두 번 이상 있는 곱셈

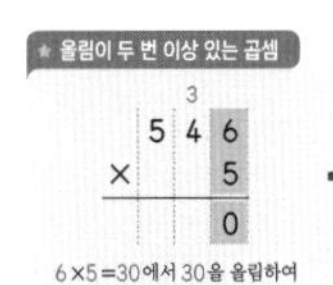
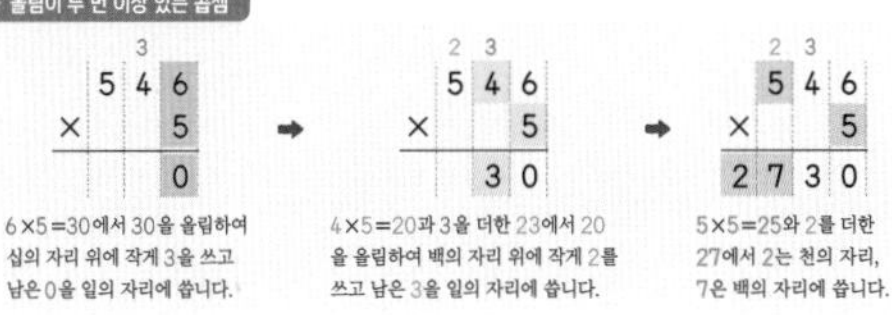

546 × 5 ➡ 546 × 5 ➡ 546 × 5 = 2730

6×5=30에서 30을 올림하여 십의 자리 위에 작게 3을 쓰고 남은 0을 일의 자리에 씁니다.

4×5=20과 3을 더한 23에서 20을 올림하여 백의 자리 위에 작게 2를 쓰고 남은 3을 일의 자리에 씁니다.

5×5=25와 2를 더한 27에서 2는 천의 자리, 7은 백의 자리에 씁니다.

계산해 보세요.

671 × 4
- 4 … 1 ×4
- 280 … 70 ×4
- 2400 … 600 ×4
- 2684

600씩는 6×4=24의 100배인 2400입니다.

345 × 5
- 25 … 5 ×5
- 200 … 40 ×5
- 1500 … 300 ×5
- 1725

417 × 3 = 1251　790 × 6 = 4740　836 × 3 = 2508

904×4=3616　550×7=3850

158×6=948　432×5=2160

14·15쪽

54일 □가 있는 곱셈

월 일

수 카드 3장으로 세 자리 수를 만들어 곱셈식을 완성해 보세요.

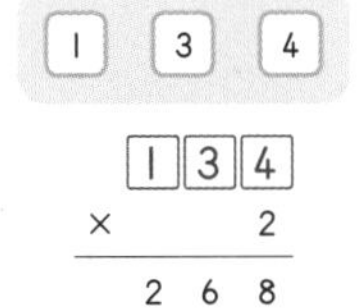
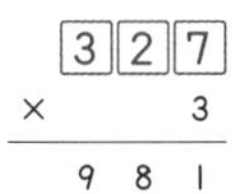

1 3 4: 134 × 2 = 268

2를 곱해서 일의 자리가 8인 수는 4입니다.

2 3 7: 327 × 3 = 981

1 2 6: 216 × 4 = 864

2 4 8: 482 × 3 = 1446

1 4 5: 154 × 5 = 770

3 4 9: 439 × 6 = 2634

빈칸에 알맞은 수를 써넣으세요.

341 × 2 = 682	132 × 3 = 396	202 × 4 = 808
104 × 7 = 728	126 × 3 = 378	238 × 2 = 476
651 × 5 = 3255	473 × 3 = 1419	941 × 6 = 5646
197 × 5 = 985	326 × 8 = 2608	538 × 4 = 2152

16·17쪽

55일 이야기하기

월 일

곱셈식으로 나타내고 답을 구해 보세요.

막대 4개를 이어 붙인 길이를 곱셈식으로 나타내어 보세요.

215cm 215cm 215cm 215cm

식 215×4=860 답 860 cm

덧셈식을 곱셈식으로 나타내어 보세요.

128+128+128+128+128+128+128

식 128×7=896 답 896

카드에 적힌 수의 합을 곱셈식으로 나타내어 보세요.

781 781 781 781
781 781 781 781

식 781×8=6248 답 6248

곱셈식으로 나타내고 답을 구해 보세요.

구슬 1개의 무게는 107g입니다. 구슬 6개의 무게는 몇 g일까요?

식 107×6=642 답 642 g

지후는 학용품을 사려고 하루에 800원씩 6일 동안 모았습니다. 지후가 모은 돈은 모두 얼마일까요?

식 800×6=4800 답 4800 원

귤이 한 상자에 136개씩 들어 있습니다. 4상자에 들어 있는 귤은 모두 몇 개일까요?

식 136×4=544 답 544 개

집에서 학교까지의 거리는 532m이고 집에서 도서관까지의 거리는 집에서 학교까지 거리의 5배입니다. 집에서 도서관까지의 거리는 몇 m일까요?

식 532×5=2660 답 2660 m

18쪽

곱셈식으로 나타내고 답을 구해 보세요.

캐나다 돈 1달러는 한국 돈 893원과 같습니다. 윤서는 캐나다 돈 3달러를 가지고 있습니다. 윤서가 가진 돈은 한국 돈 얼마와 같을까요?

캐나다 돈 1달러 = 한국 돈 893원

식 893×3=2679 답 2679 원

지성이는 우유 4잔을 마셨습니다. 지성이가 먹은 우유의 열량은 얼마일까요?

식음료	감자 1개	옥수수 1개	우유 1잔	오렌지주스 1잔
열량(킬로칼로리)	127	112	135	110

식 135×4=540 답 540 킬로칼로리

재연이네 학교의 3학년 학생 수입니다. 3학년 학생 모두에게 공책을 5권씩 주려면 공책은 모두 몇 권 필요할까요?

반	1반	2반	3반	4반	합계
학생 수(명)	28	33	34	27	122

식 122×5=610 답 610 권

20·21쪽

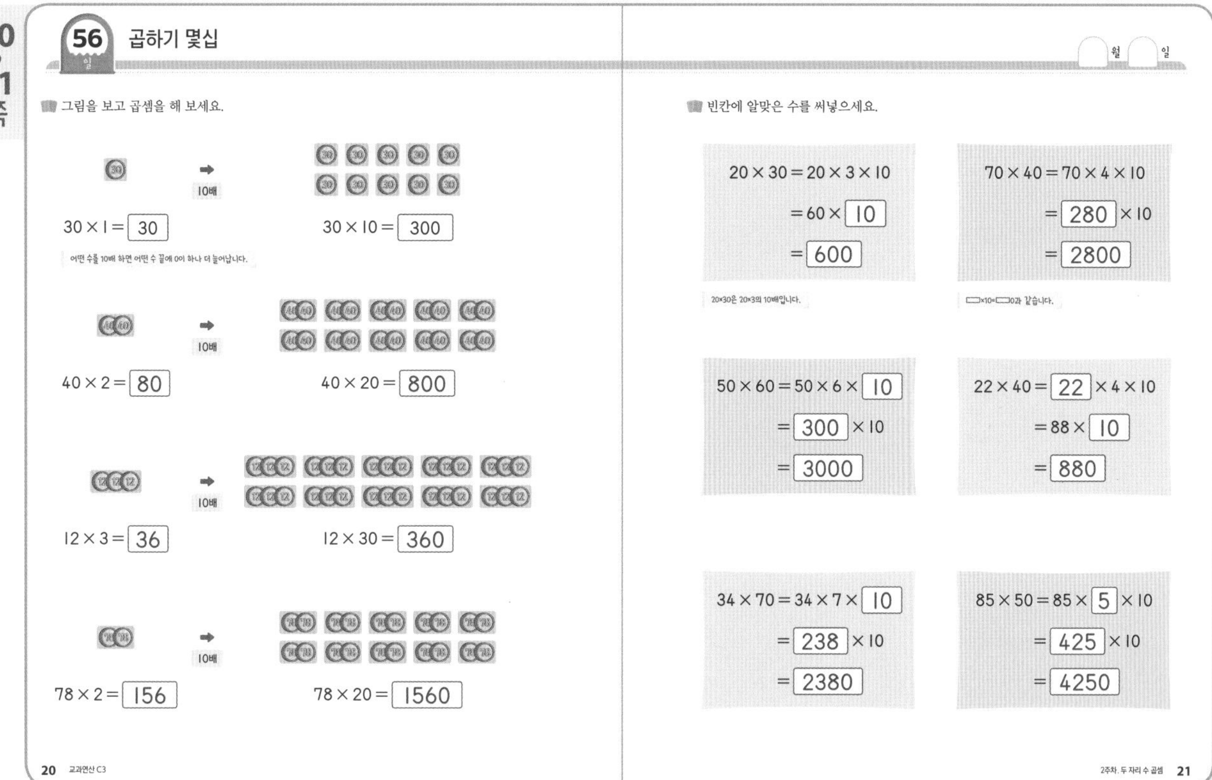

56 곱하기 몇십

월 일

그림을 보고 곱셈을 해 보세요.

30 × 1 = 30 → 10배 → 30 × 10 = 300

어떤 수를 10배 하면 어떤 수 끝에 0이 하나 더 늘어납니다.

40 × 2 = 80 → 10배 → 40 × 20 = 800

12 × 3 = 36 → 10배 → 12 × 30 = 360

78 × 2 = 156 → 10배 → 78 × 20 = 1560

빈칸에 알맞은 수를 써넣으세요.

20 × 30 = 20 × 3 × 10
= 60 × 10
= 600

20×30은 20×3의 10배입니다.

70 × 40 = 70 × 4 × 10
= 280 × 10
= 2800

□×10=□0과 같습니다.

50 × 60 = 50 × 6 × 10
= 300 × 10
= 3000

22 × 40 = 22 × 4 × 10
= 88 × 10
= 880

34 × 70 = 34 × 7 × 10
= 238 × 10
= 2380

85 × 50 = 85 × 5 × 10
= 425 × 10
= 4250

20 교과연산 C3 | 2주차. 두 자리 수 곱셈 21

22·23쪽

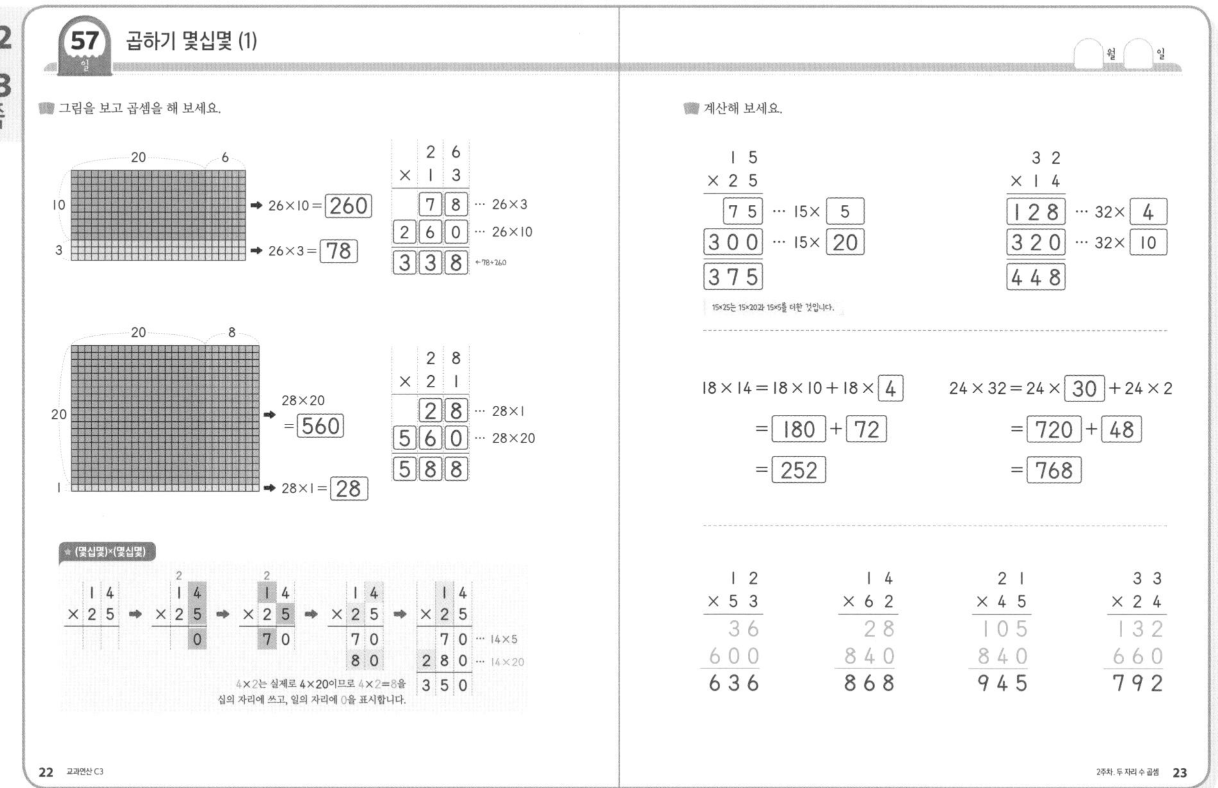

57 곱하기 몇십몇 (1)

월 일

그림을 보고 곱셈을 해 보세요.

(20, 6 / 10, 3) → 26 × 10 = 260, 26 × 3 = 78

	2	6	
×	1	3	
	7	8	… 26×3
2	6	0	… 26×10
3	3	8	← 78+260

(20, 8 / 20, 1) → 28×20 = 560, 28 × 1 = 28

	2	8	
×	2	1	
	2	8	… 28×1
5	6	0	… 28×20
5	8	8	

(몇십몇)×(몇십몇)

14 × 25 → 14×5 = 70 … 14×5, 280 … 14×20, 350

4×2는 실제로 4×20이므로 4×2=8을 십의 자리에 쓰고, 일의 자리에 0을 표시합니다.

계산해 보세요.

15 × 25: 75 … 15× 5, 300 … 15× 20, 375

15×25는 15×20과 15×5를 더한 것입니다.

32 × 14: 128 … 32× 4, 320 … 32× 10, 448

18 × 14 = 18 × 10 + 18 × 4
= 180 + 72
= 252

24 × 32 = 24 × 30 + 24 × 2
= 720 + 48
= 768

12 × 53: 36, 600, 636

14 × 62: 28, 840, 868

21 × 45: 105, 840, 945

33 × 24: 132, 660, 792

22 교과연산 C3 | 2주차. 두 자리 수 곱셈 23

58 곱하기 몇십몇 (2)

빈칸에 알맞은 수를 써넣어 곱셈을 해 보세요.

42 × 36: 252 … 42×6, 1260 … 42×30, 1512

$42 \times 36 = 42 \times 30 + 42 \times 6 = 1260 + 252 = 1512$

37 × 54: 148 … 37×4, 1850 … 37×50, 1998

$37 \times 54 = 37 \times 50 + 37 \times 4 = 1850 + 148 = 1998$

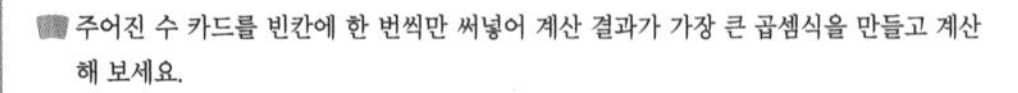

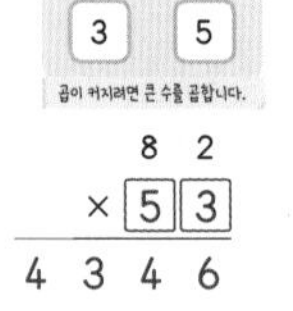

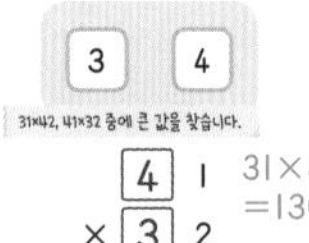

2×6은 실제로 2×60이므로 2×6=12에서 10은 받아올림, 2는 십의 자리에 쓰고, 일의 자리에 0을 표시합니다.

52 × 67: 364 … 52×7, 3120 … 52×60, 3484

월 일

계산해 보세요.

57 × 93: 171 … 57×3, 5130 … 57×90, 5301

46 × 35: 230 … 46×5, 1380 … 46×30, 1610

17 × 67: 119, 1020, 1139

66 × 23: 198, 1320, 1518

45 × 32: 90, 1350, 1440

38 × 37: 266, 1140, 1406

26 × 68: 208, 1560, 1768

54 × 54: 216, 2700, 2916

83 × 25: 415, 1660, 2075

72 × 69: 648, 4320, 4968

59 크고 작은 곱

주어진 수 카드를 빈칸에 한 번씩만 써넣어 계산 결과가 가장 큰 곱셈식을 만들고 계산해 보세요.

카드 3, 5 (곱이 커지려면 큰 수를 곱합니다.): 82 × 53 = 4346

카드 2, 4: 42 × 61 = 2562

카드 3, 4 (31×42, 41×32 중에 큰 값을 찾습니다.): 41 × 32 = 1312 (31×42 = 1302)

카드 2, 4, 7 (가장 작은 수 2는 일의 자리에 들어갑니다.): 72 × 43 = 3096 (42×73 = 3066)

카드 5, 6, 8: 65 × 82 = 5330 (85×62 = 5270)

카드 3, 4, 6: 54 × 63 = 3402 (53×64 = 3392)

카드 1, 4, 5: 91 × 54 = 4914 (94×51 = 4794)

가장 큰 수부터 ④, ③, ②, ①이라면 ④①×③②가 가장 큰 곱입니다.

월 일

주어진 수 카드를 빈칸에 한 번씩만 써넣어 계산 결과가 가장 작은 곱셈식을 만들고 계산해 보세요.

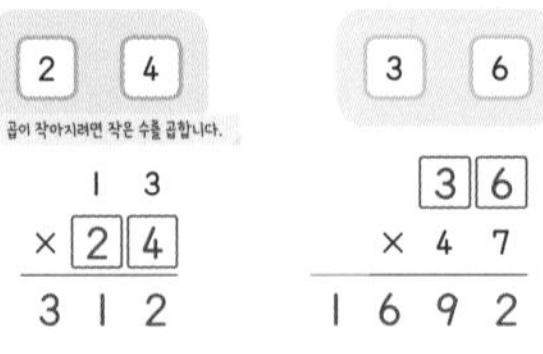

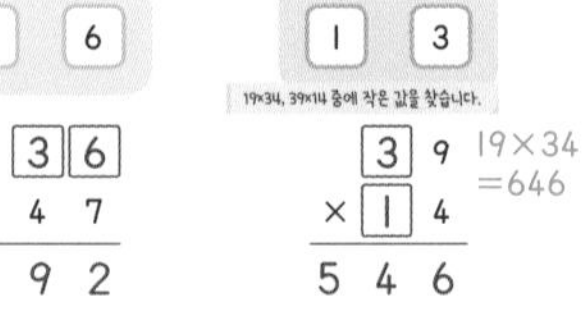

카드 2, 4 (곱이 작아지려면 작은 수를 곱합니다.): 13 × 24 = 312

카드 3, 6: 36 × 47 = 1692

카드 1, 3 (19×34, 39×14 중에 작은 값을 찾습니다.): 39 × 14 = 546 (19×34 = 646)

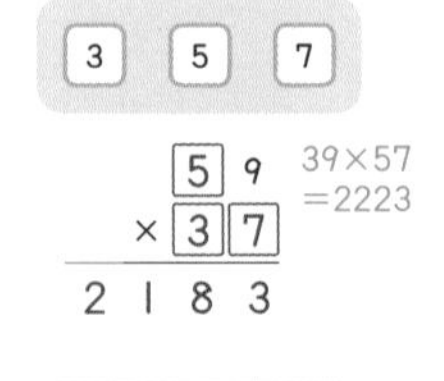

카드 1, 5, 8 (가장 큰 수 8은 일의 자리에 들어갑니다.): 16 × 58 = 928 (56×18 = 1008)

카드 3, 5, 7: 59 × 37 = 2183 (39×57 = 2223)

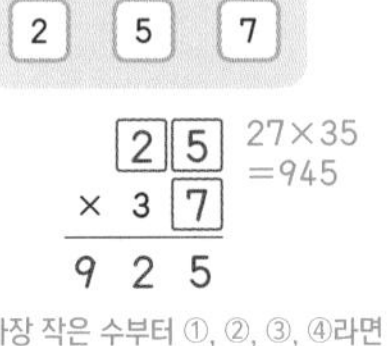

카드 2, 5, 7: 25 × 37 = 925 (27×35 = 945)

카드 5, 6, 8: 58 × 46 = 2668 (56×48 = 2688)

가장 작은 수부터 ①, ②, ③, ④라면 ①③×②④가 가장 작은 곱입니다.

28·29쪽

60 이야기하기

월 일

곱셈식으로 나타내고 답을 구해 보세요.

저금통에 50원짜리 동전이 35개 있습니다. 저금통에 있는 돈은 모두 얼마일까요?

식 $50\times35=1750$ 답 1750 원

또는 $35\times50=1750$

호박이 한 상자에 26개씩 들어 있습니다. 23상자에 들어 있는 호박은 모두 몇 개일까요?

식 $26\times23=598$ 답 598 개

또는 $23\times26=598$

유지네 반 학생 36명이 각자 종이학을 42개씩 접었습니다. 학생들이 접은 종이학은 모두 몇 개일까요?

식 $36\times42=1512$ 답 1512 개

또는 $42\times36=1512$

하루는 24시간이고, 1시간은 60분입니다. 하루는 몇 분일까요?

식 $24\times60=1440$ 답 1440 분

또는 $60\times24=1440$

곱셈식으로 나타내고 답을 구해 보세요.

사과가 한 상자에 18개씩 들어 있습니다. 5명이 가진 상자에 들어 있는 사과는 모두 몇 개일까요?

이름	민우	소희	은찬	연서	채린	합계
사과 상자(상자)	6	8	7	5	9	35

식 $35\times18=630$ 답 630 개

또는 $18\times35=630$

정우는 매주 화요일, 목요일, 토요일에 봉사활동을 50분씩 했습니다. 한 달 동안 봉사활동을 모두 몇 분 했을까요?

일	월	화	수	목	금	토
				1	2	3
4	5	6	7	8	9	10
11	12	13	14	15	16	17
18	19	20	21	22	23	24
25	26	27	28	29	30	31

식 $14\times50=700$ 답 700 분

또는 $50\times14=700$

화요일, 목요일, 토요일의 날 수는 모두 14일입니다.

30쪽

물음에 답하세요.

필리핀 돈 1페소는 한국 돈 24원, 태국 돈 1바트는 한국 돈 37원과 같습니다. 필리핀 돈 15페소와 태국 돈 26바트를 합하면 한국 돈 얼마와 같을까요?

필리핀 돈 1페소 = 한국 돈 24원 태국 돈 1바트 = 한국 돈 37원

필리핀 돈 15페소: $15\times24=360$(원)
태국 돈 26바트: $26\times37=962$(원)
$360+962=1322$(원)

(1322)원

공에 적힌 색깔에 따라 점수를 얻습니다. 민규는 초록색 공 27개와 빨간색 공 13개를 뽑았습니다. 민규가 얻은 점수는 모두 몇 점일까요?

공 색깔	노란색	초록색	빨간색	파란색
점수(점)	10	20	50	80

초록색 공 27개: $27\times20=540$(점)
빨간색 공 13개: $13\times50=650$(점)
$540+650=1190$(점)

(1190)점

수아네 반 학생들이 자두 30개와 바나나 15개를 나누어 먹었습니다. 수아네 반 학생들이 먹은 과일의 열량은 모두 몇 킬로칼로리일까요?

과일	자두 1개	귤 1개	바나나 1개	복숭아 1개
열량(킬로칼로리)	17	30	93	68

자두 30개: $17\times30=510$(킬로칼로리)
바나나 15개: $93\times15=1395$(킬로칼로리)
$510+1395=1905$(킬로칼로리)

(1905)킬로칼로리

정답

32 • 33쪽

61 내림이 없는 나눗셈

월 일

그림을 보고 나눗셈을 해 보세요.

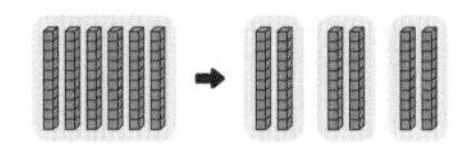

$60 \div 3 =$ 20

60을 3으로 나눈 몫은 20입니다.

3)60 → 몫 20, 60 ← 3×20, 나머지 0

$46 \div 2 =$ 23

2)46 → 몫 23, 40 ← 2×20, 6, 6 ← 2×3, 나머지 0

나눗셈은 높은 자리 숫자부터 계산합니다.

★ 내림이 없는 나눗셈

96÷3=32 → 3)96, 32 — 몫, 3 — 나누는 수, 96 — 나누어지는 수

나눗셈식을 세로로 나타내면 나누어지는 수는 ⌐ 아래, 나누는 수는 ⌐ 왼쪽, 몫은 ⌐ 위에 씁니다.

3)96 → 3)96, 몫 3, 90 — 3×30=90

십의 자리 숫자 9에는 3이 3번 들어가므로(3×3=9) 몫의 십의 자리에 3을 씁니다.

→ 3)96, 90, 6

일의 자리 숫자 6은 그대로 내려씁니다.

→ 3)96, 몫 32, 90, 6, 6 — 3×2=6

일의 자리 숫자 6에는 3이 2번 들어가므로(3×2=6) 몫의 일의 자리에 2를 씁니다.

→ 3)96, 몫 32, 90, 6, 6, 0

6−6=0이므로 0을 아래에 씁니다.

계산을 하세요.

- 2)60 → 몫 30, 6, 0
  실제로 나눗셈을 할 때는 2×30=60에서 0을 생략하여 씁니다.
- 2)40 → 몫 20, 4, 0
- 9)90 → 몫 10, 9, 0
- 4)80 → 몫 20, 8, 0
- 3)36 → 몫 12, 3, 6, 6, 0
- 2)28 → 몫 14, 2, 8, 8, 0
- 3)69 → 몫 23, 6, 9, 9, 0
- 5)55 → 몫 11, 5, 5, 5, 0

$62 \div 2 = 31$ $48 \div 4 = 12$

$39 \div 3 = 13$ $86 \div 2 = 43$

34 • 35쪽

62 내림이 있는 나눗셈

월 일

그림을 보고 나눗셈을 해 보세요.

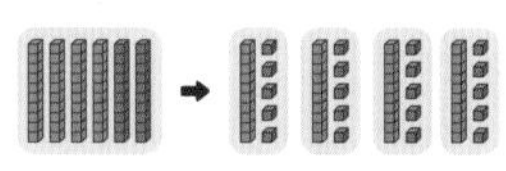

$60 \div 4 =$ 15

4)60 → 몫 15, 40 ← 4×10, 20, 20 ← 4×5, 나머지 0

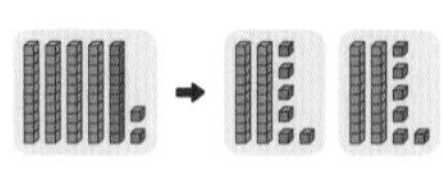

$52 \div 2 =$ 26

2)52 → 몫 26, 40 ← 2×20, 12, 12 ← 2×6, 나머지 0

★ 내림이 있는 나눗셈

4)92 → 4)92, 몫 2, 80 — 4×20=80

십의 자리 숫자 9에는 4가 2번 들어가므로(4×2=8) 몫의 십의 자리에 2를 씁니다. (9를 넘지 않으면서 9에 가장 가까운 수를 넣습니다.)

→ 4)92, 몫 2, 80, 12

9−8=1이므로 십의 자리에 1을 내려쓰고 일의 자리 숫자 2는 그대로 내려씁니다.

→ 4)92, 몫 23, 80, 12, 12 — 4×3=12, 0

12에는 4가 3번 들어가므로(4×3=12) 몫의 일의 자리에 3을 씁니다.

계산을 하세요.

- 2)50 → 몫 25, 4, 10, 10, 0
  실제로 나눗셈을 할 때는 2×20=40에서 0을 생략하여 씁니다.
- 5)60 → 몫 12, 5, 10, 10, 0
- 6)90 → 몫 15, 6, 30, 30, 0
- 5)80 → 몫 16, 5, 30, 30, 0
- 3)84 → 몫 28, 6, 24, 24, 0
  십의 자리 숫자 8을 넘지 않으면서 8에 가장 가까운 3×2=6을 넣습니다.
- 4)52 → 몫 13, 4, 12, 12, 0
- 7)84 → 몫 12, 7, 14, 14, 0
- 2)98 → 몫 49, 8, 18, 18, 0

$90 \div 2 = 45$ $70 \div 5 = 14$

$75 \div 3 = 25$ $78 \div 6 = 13$

$64 \div 4 = 16$ $96 \div 8 = 12$

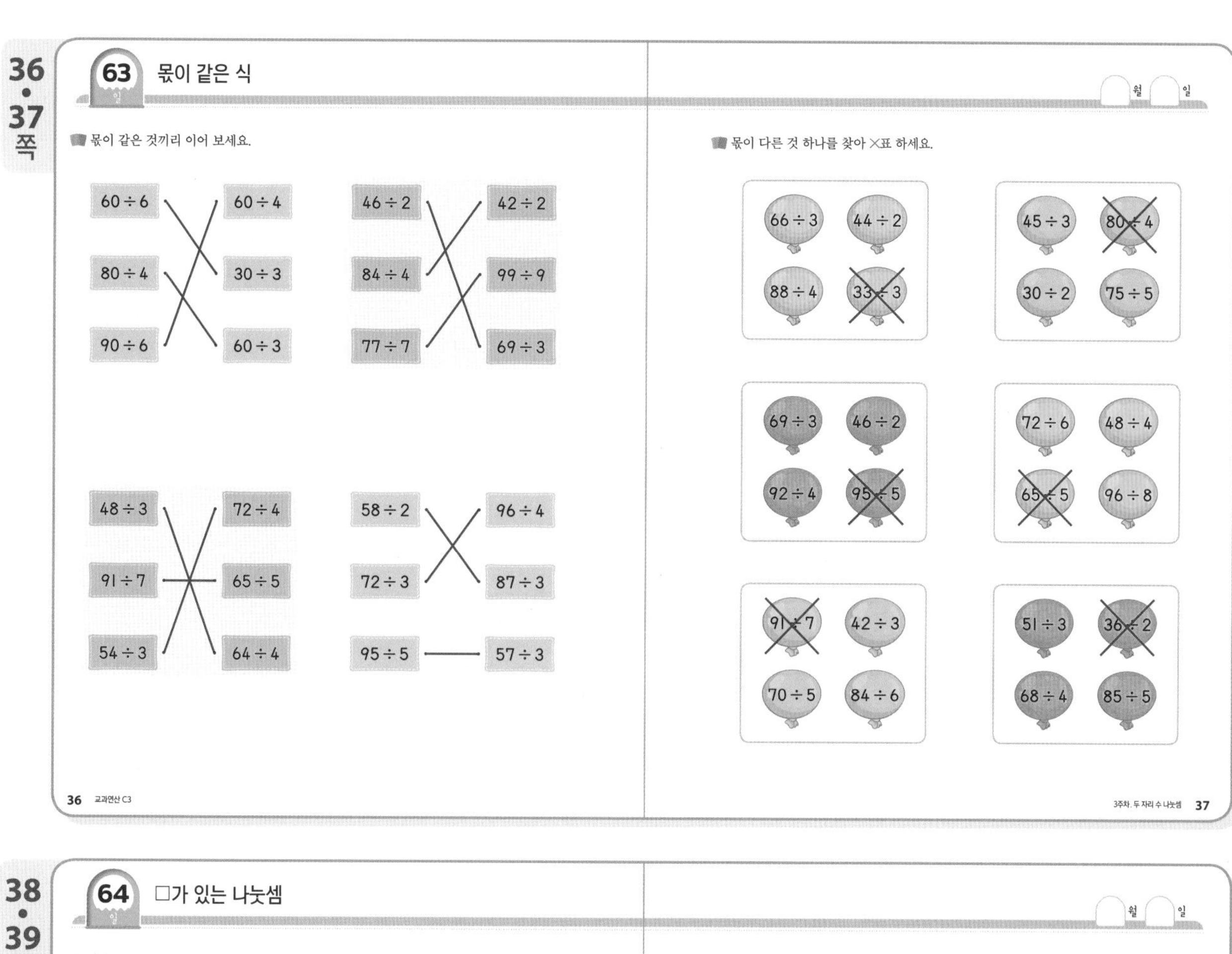

38·39쪽

64 □가 있는 나눗셈

월 일

빈칸에 알맞은 수를 써넣으세요.

21
3)63
6
3
3
0

41
2)82
8
2
2
0

18
5)90
5
40
40
0

14
6)84
6
24
24
0

24
4)96
8
16
16
0

29
3)87
6
27
27
0

빈칸에 알맞은 수를 써넣으세요.

24
2)48
4
8
8
0

일의 자리에서 2×□=8이므로 몫은 24입니다.

32
3)96
9
6
6
0

22
4)88
8
8
8
0

35
2)70
6
10
10
0

15
4)60
4
20
20
0

24
3)72
6
12
12
0

16
6)96
6
36
36
0

15
5)75
5
25
25
0

47
2)94
8
14
14
0

40・41쪽

65 이야기하기

월 일

나눗셈식으로 나타내고 답을 구해 보세요.

구슬 62개를 한 명에게 2개씩 주면 몇 명에게 나누어 줄 수 있을까요?

식 $62 \div 2 = 31$ 답 31 명

달걀 80개를 한 명당 5개씩 먹으면 몇 명이 먹을 수 있을까요?

식 $80 \div 5 = 16$ 답 16 명

사과 64개를 한 접시에 4개씩 담으려면 접시는 몇 개 필요할까요?

식 $64 \div 4 = 16$ 답 16 개

나눗셈식으로 나타내고 답을 구해 보세요.

지우개가 60개 있습니다. 한 명당 지우개를 3개씩 나누어 주면 몇 명에게 나누어 줄 수 있을까요?

식 $60 \div 3 = 20$ 답 20 명

사탕 72개를 접시 3개에 똑같이 나누어 담으려고 합니다. 한 접시에는 사탕을 몇 개 담을 수 있을까요?

식 $72 \div 3 = 24$ 답 24 개

농장에 있는 돼지의 다리 수를 세었더니 모두 84개 였습니다. 농장에 있는 돼지는 모두 몇 마리일까요?

식 $84 \div 4 = 21$ 답 21 마리

선아는 일주일 동안 종이학 98개를 접으려고 합니다. 매일 똑같은 수만큼 접는다면 하루에 종이학을 몇 개씩 접어야 할까요?

식 $98 \div 7 = 14$ 답 14 개

42쪽

나눗셈식으로 나타내고 답을 구해 보세요.

색종이가 10장씩 5묶음이 있습니다. 색종이를 2명에게 똑같이 나누어 주려면 한 명에게 몇 장씩 주어야 할까요?

색종이가 모두 몇 장 있는지 구합니다.

식 $50 \div 2 = 25$ 답 25 장

색종이는 $10 \times 5 = 50$(장) 있습니다.

학생들이 한 모둠에 6명씩 12모둠이 있습니다. 학생들을 한 모둠에 4명씩 있도록 나눈다면 모두 몇 모둠이 될까요?

식 $72 \div 4 = 18$ 답 18 모둠

학생은 $6 \times 12 = 72$(명) 있습니다.

강당에 남학생 34명과 여학생 36명이 있습니다. 학생 5명당 피자 한 판을 먹는다면 피자는 모두 몇 판 필요할까요?

식 $70 \div 5 = 14$ 답 14 판

학생은 $34 + 36 = 70$(명) 있습니다.

파란색 풍선이 42개, 노란색 풍선이 54개 있습니다. 풍선을 8명에게 똑같이 나누어 준다면 한 명에게 풍선을 몇 개씩 줄 수 있을까요?

식 $96 \div 8 = 12$ 답 12 개

풍선은 $42 + 54 = 96$(개) 있습니다.

44·45쪽

66 나머지가 있는 나눗셈 (1)

월 일

그림을 보고 나눗셈을 해 보세요.

19 ÷ 4 = [4] ··· [3]

나눗셈을 가로로 쓸 때는 몫의 오른쪽에 ···을 쓰고 그 옆에 나머지를 씁니다.

```
     [4]
4 ) 1 9
    1 6  ← 4×4
    ---
     [3]
```

십의 자리 1에는 4가 들어갈 수 없으므로 일의 자리에서 19를 보고 4를 4번 넣습니다.

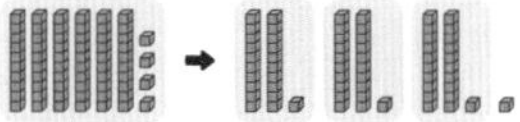

64 ÷ 3 = [21] ··· [1]

```
    [2][1]
3 ) 6  4
    6  0  ← 3×[20]
    -----
       4
      [3] ← 3×[1]
    -----
      [1]
```

일의 자리 숫자 4를 넘지 않으면서 4에 가장 가까운 3×1=3을 넣습니다.

★ 몫과 나머지

```
     1 2  ← 몫
3 ) 3 8
    3
    ---
      8
      6
    ---
      2  ← 나머지
```

➡ 38 ÷ 3 = 12 ··· 2 (12: 몫, 2: 나머지)

일의 자리 8에는 3이 2번 들어가고 2가 남습니다.

38을 3으로 나누면 몫은 12이고, 2가 남습니다.
이때 2를 38÷3의 나머지라고 합니다.
나머지가 없으면 나머지가 0입니다.
나머지가 0일 때 나누어떨어진다고 합니다.

나머지는 항상 나누는 수보다 작습니다.

계산을 하고 몫과 나머지를 써넣으세요.

```
     4                 4                 6
5 ) 2 3   몫 [4]   7 ) 3 4   몫 [4]   9 ) 5 6   몫 [6]
    2 0                2 8                5 4
    ---                ---                ---
      3  나머지 [3]      6  나머지 [6]      2  나머지 [2]

    4 2                1 1                2 0
2 ) 8 5   몫 [42]  7 ) 7 9   몫 [11]  4 ) 8 3   몫 [20]
    8                  7                  8
    ---                ---                ---
      5  나머지 [1]      9  나머지 [2]      3  나머지 [3]
      4                  7
    ---                ---
      1                  2
```

37 ÷ 6 = 6 ··· 1

41 ÷ 7 = 5 ··· 6

65 ÷ 3 = 21 ··· 2

43 ÷ 4 = 10 ··· 3

47 ÷ 2 = 23 ··· 1

59 ÷ 5 = 11 ··· 4

46·47쪽

67 나머지가 있는 나눗셈 (2)

월 일

그림을 보고 나눗셈을 해 보세요.

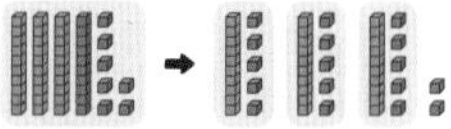

47 ÷ 3 = [15] ··· [2]

나머지는 나누는 수보다 작습니다.

```
    [1][5]
3 ) 4  7
    3  0  ← 3×10
    -----
    1  7
   [1][5] ← 3×[5]
    -----
      [2]
```

17을 넘지 않으면서 17에 가장 가까운 3×5=15를 넣습니다.

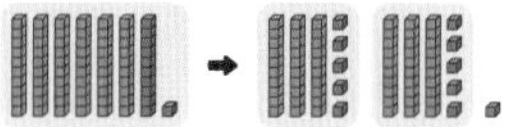

71 ÷ 2 = [35] ··· [1]

```
    [3][5]
2 ) 7  1
    6  0  ← 2×[30]
    -----
    1  1
   [1][0] ← 2×[5]
    -----
      [1]
```

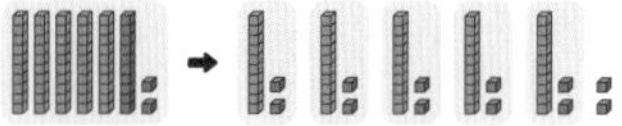

62 ÷ 5 = [12] ··· [2]

```
    [1][2]
5 ) 6  2
   [5] 0  ← 5×10
    -----
    1 [2]
   [1][0] ← 5×2
    -----
      [2]
```


계산을 하고 몫과 나머지를 써넣으세요.

```
    1 7                2 3                3 9
5 ) 8 8   몫 [17]  4 ) 9 3   몫 [23]  2 ) 7 9   몫 [39]
    5                  8                  6
    ---                ---                ---
    3 8  나머지 [3]    1 3  나머지 [1]    1 9  나머지 [1]
    3 5                1 2                1 8
    ---                ---                ---
      3                  1                  1

    2 5                1 1                1 5
3 ) 7 6   몫 [25]  7 ) 8 0   몫 [11]  6 ) 9 5   몫 [15]
    6                  7                  6
    ---                ---                ---
    1 6  나머지 [1]    1 0  나머지 [3]    3 5  나머지 [5]
    1 5                  7                3 0
    ---                ---                ---
      1                  3                  5
```

94 ÷ 6 = 15 ··· 4

75 ÷ 2 = 37 ··· 1

53 ÷ 3 = 17 ··· 2

99 ÷ 5 = 19 ··· 4

67 ÷ 4 = 16 ··· 3

85 ÷ 3 = 28 ··· 1

48·49쪽

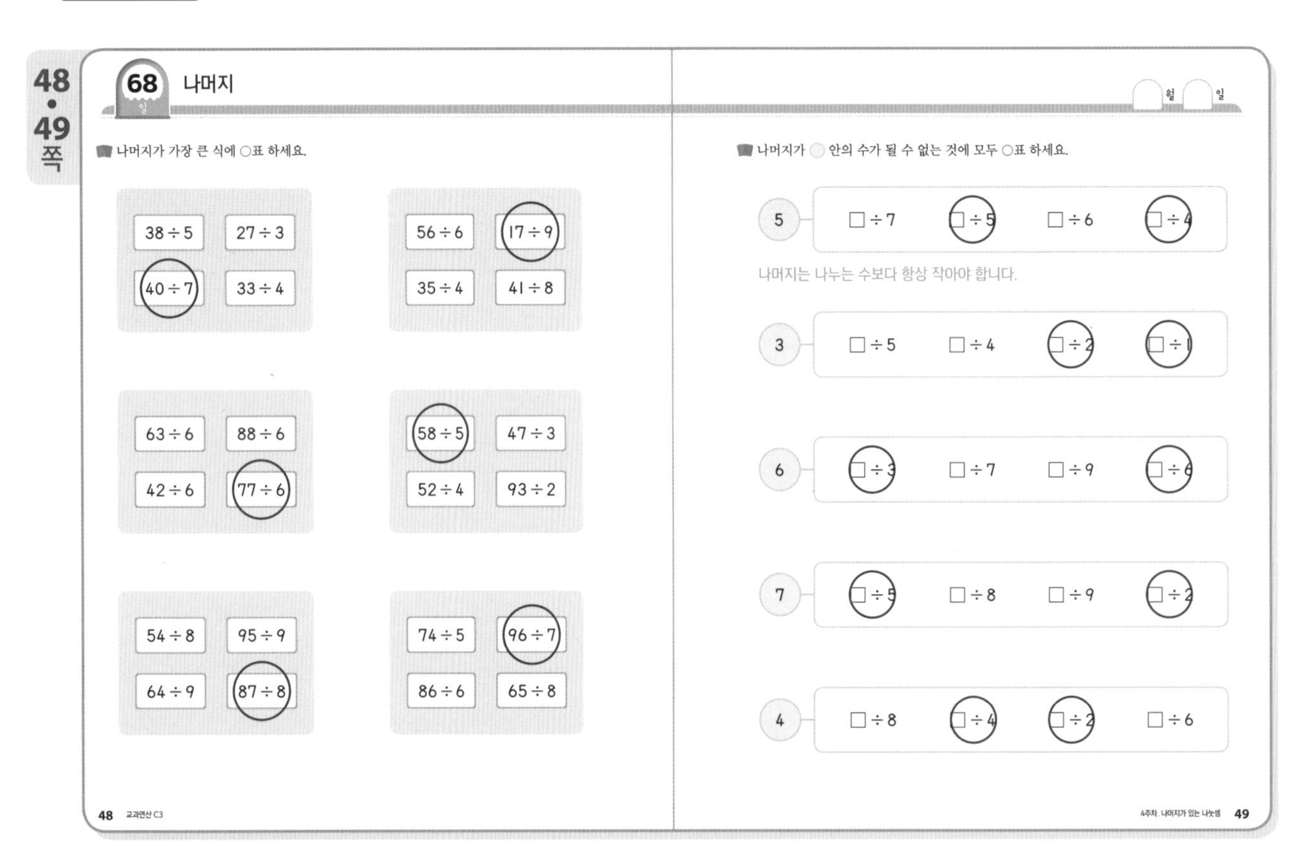

68 나머지

나머지가 가장 큰 식에 ○표 하세요.

38 ÷ 5	27 ÷ 3
(40 ÷ 7)	33 ÷ 4

56 ÷ 6	(17 ÷ 9)
35 ÷ 4	41 ÷ 8

63 ÷ 6	88 ÷ 6
42 ÷ 6	(77 ÷ 6)

(58 ÷ 5)	47 ÷ 3
52 ÷ 4	93 ÷ 2

54 ÷ 8	95 ÷ 9
64 ÷ 9	(87 ÷ 8)

74 ÷ 5	(96 ÷ 7)
86 ÷ 6	65 ÷ 8

나머지가 ◯ 안의 수가 될 수 없는 것에 모두 ○표 하세요.

5 — □÷7, (□÷5), □÷6, (□÷4)

나머지는 나누는 수보다 항상 작아야 합니다.

3 — □÷5, □÷4, (□÷2), (□÷1)

6 — (□÷3), □÷7, □÷9, (□÷6)

7 — (□÷5), □÷8, □÷9, (□÷2)

4 — □÷8, (□÷4), (□÷2), □÷6

48 교과연산 C3 4주차. 나머지가 있는 나눗셈 49

50·51쪽

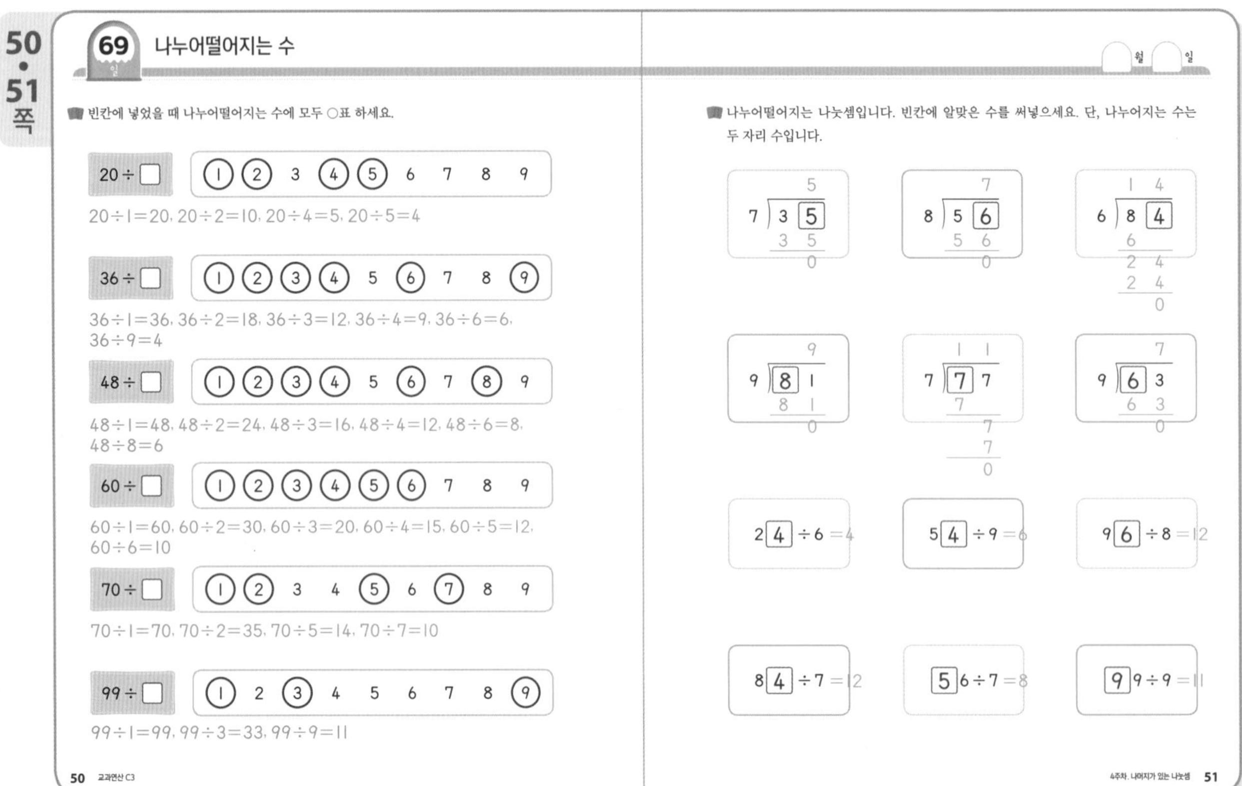

69 나누어떨어지는 수

빈칸에 넣었을 때 나누어떨어지는 수에 모두 ○표 하세요.

20 ÷ □ : (1) (2) 3 (4) (5) 6 7 8 9

20÷1=20, 20÷2=10, 20÷4=5, 20÷5=4

36 ÷ □ : (1) (2) (3) (4) 5 (6) 7 8 (9)

36÷1=36, 36÷2=18, 36÷3=12, 36÷4=9, 36÷6=6, 36÷9=4

48 ÷ □ : (1) (2) (3) (4) 5 (6) 7 (8) 9

48÷1=48, 48÷2=24, 48÷3=16, 48÷4=12, 48÷6=8, 48÷8=6

60 ÷ □ : (1) (2) (3) (4) (5) (6) 7 8 9

60÷1=60, 60÷2=30, 60÷3=20, 60÷4=15, 60÷5=12, 60÷6=10

70 ÷ □ : (1) (2) 3 4 (5) 6 (7) 8 9

70÷1=70, 70÷2=35, 70÷5=14, 70÷7=10

99 ÷ □ : (1) 2 (3) 4 5 6 7 8 (9)

99÷1=99, 99÷3=33, 99÷9=11

나누어떨어지는 나눗셈입니다. 빈칸에 알맞은 수를 써넣으세요. 단, 나누어지는 수는 두 자리 수입니다.

- 3[5] ÷ 7 = 5 (35 − 35 = 0)
- 5[6] ÷ 8 = 7 (56 − 56 = 0)
- 8[4] ÷ 6 = 14 (84 − 6 = 24, 24 − 24 = 0)
- [8]1 ÷ 9 = 9 (81 − 81 = 0)
- [7]7 ÷ 7 = 11 (7 − 7 = 0, 7 − 7 = 0)
- [6]3 ÷ 9 = 7 (63 − 63 = 0)

2[4] ÷ 6 = 4 5[4] ÷ 9 = 6 9[6] ÷ 8 = 12

8[4] ÷ 7 = 12 [5]6 ÷ 7 = 8 [9]9 ÷ 9 = 11

50 교과연산 C3 4주차. 나머지가 있는 나눗셈 51

52・53쪽

70 이야기하기

월 일

나눗셈식으로 나타내고 답을 구해 보세요.

사탕이 47개 있습니다. 사탕을 5명이 똑같이 나누어 가진다면 한 명이 사탕을 몇 개씩 가질 수 있고, 몇 개가 남을까요?

한 명이 가지는 사탕 수가 몫, 남는 사탕의 수가 나머지입니다.

식 $47 \div 5 = 9 \cdots 2$

답 한 명이 9 개씩 가질 수 있고, 2 개가 남습니다.

빵 83개를 한 봉지에 4개씩 담으려고 합니다. 봉지는 몇 개가 필요하고, 빵은 몇 개가 남을까요?

식 $83 \div 4 = 20 \cdots 3$

답 봉지는 20 개 필요하고, 빵은 3 개가 남습니다.

구슬 70개를 상자 6개에 똑같이 나누어 담으려고 합니다. 구슬을 한 상자에 몇 개씩 담을 수 있고, 몇 개가 남을까요?

식 $70 \div 6 = 11 \cdots 4$

답 한 상자에 11 개씩 담을 수 있고, 4 개가 남습니다.

나눗셈식으로 나타내고 답을 구해 보세요.

테니스공 39개를 한 상자에 6개씩 담으려고 합니다. 상자는 몇 개가 필요하고, 테니스공은 몇 개가 남을까요?

식 $39 \div 6 = 6 \cdots 3$

답 6 개, 남은 테니스공의 수 3 개

공책 90권을 한 명에게 4권씩 나누어 주려고 합니다. 몇 명에게 나누어 줄 수 있고, 공책은 몇 권 남을까요?

식 $90 \div 4 = 22 \cdots 2$

답 22 명, 남은 공책의 수 2 권

89일은 몇 주이고, 남은 날 수는 며칠일까요?

식 $89 \div 7 = 12 \cdots 5$

답 12 주, 남은 날 수 5 일

54쪽

수 카드를 한 번씩만 사용하여 몫이 가장 큰 나눗셈식을 만들고 계산해 보세요.

2 6 5

$65 \div 2 = 32 \cdots 1$

몫이 크려면 큰 수를 나누어야 합니다.

7 3 4

$74 \div 3 = 24 \cdots 2$

몫이 크려면 (가장 큰 두 자리 수)÷(가장 작은 한 자리 수)를 만듭니다.

6 9 5

$96 \div 5 = 19 \cdots 1$

3 5 8

$85 \div 3 = 28 \cdots 1$

4 2 9

$94 \div 2 = 47$

8 7 6

$87 \div 6 = 14 \cdots 3$

7 8 9

$98 \div 7 = 14$

9 4 5

$95 \div 4 = 23 \cdots 3$

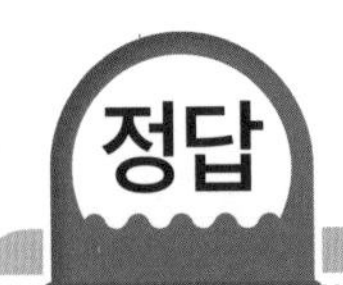

71 나머지가 없는 나눗셈

■ 빈칸에 알맞은 수를 써넣으세요.

```
     3             30            300
2)600    →    2)600    →    2)600
  6             6             6
  0             0               0
```

600÷2의 몫은 6÷2의 몫에 0을 2개 더 붙인 것과 같습니다.

```
     1             18            181
4)724    →    4)724    →    4)724
  4             4             4
  3             32            32
                32            32
                 0               4
                                 4
                                 0
```

```
     6             69
5)345    →    5)345
  30            30
   4             45
                 45
                  0
```

백의 자리 3에는 5가 들어갈 수 없으므로 십의 자리에서 34를 보고 5를 6번 넣습니다.

■ 계산을 하세요.

```
   200           100           140
2)400         7)700         4)560
  4             7             4
    0             0           16
                              16
                               0
```

세 자리 수 나눗셈도 두 자리 수 나눗셈과 같이 높은 자리부터 차례로 나누어 갑니다.

```
   140           244           467
6)840         3)732         2)934
  6             6             8
  24            13            13
  24            12            12
    0             12            14
                  12            14
                   0             0
```

270÷3=90　　275÷5=55

402÷6=67　　904÷8=113

716÷4=179　　987÷7=141

72 나머지가 있는 나눗셈

■ 빈칸에 알맞은 수를 써넣으세요.

```
     1             10            101
5)508    →    5)508    →    5)508
  5             5             5
  0             0               8
                                5
                                3
```

십의 자리에서 나눌 수 없으므로 몫의 십의 자리에 0을 쓰고 일의 자리 8을 5로 나눕니다.

```
     8             86
3)259    →    3)259
  24            24
   1             19
                 18
                  1
```

백의 자리에서 2를 3으로 나눌 수 없으므로 십의 자리에서 25를 3으로 나눕니다.

```
     1             12            124
6)745    →    6)745    →    6)746
  6             6             6
  1             14            14
                12            12
                 2             26
                               24
                                2
```

■ 계산을 하세요.

```
   100            51           150
3)302         5)256         4)603
  3             25            4
    2             6           20
                  5           20
                  1             3
```

```
    59           296           104
8)474         2)593         7)731
  40            4             7
   74           19            31
   72           18            28
    2            13            3
                 12
                  1
```

607÷6=101···1　　903÷4=225···3

819÷8=102···3　　514÷3=171···1

742÷5=148···2　　965÷7=137···6

60 • 61 쪽

73 이야기하기

월 일

■ 나눗셈식으로 나타내고 답을 구해 보세요.

하은이네 학교에서 색종이 600장을 한 명당 4장씩 나누어 주려고 합니다. 색종이를 몇 명에게 나누어 줄 수 있을까요?

식 $600 \div 4 = 150$ 답 150 명

마을 회관에서 만든 송편 480개를 3상자에 똑같이 나누어 담으려고 합니다. 한 상자에는 송편을 몇 개씩 담을 수 있을까요?

식 $480 \div 3 = 160$ 답 160 개

사과가 275개 있습니다. 사과를 한 봉지에 5개씩 담는다면 봉지는 몇 개 필요할까요?

식 $275 \div 5 = 55$ 답 55 개

농장에서 수확한 토마토 936개를 8가족이 똑같이 나누어 가지려고 합니다. 한 가족당 토마토를 몇 개씩 가질 수 있을까요?

식 $936 \div 8 = 117$ 답 117 개

■ 나눗셈식으로 나타내고 답을 구해 보세요.

학생 406명이 있습니다. 학생들이 4명씩 한 모둠을 만든다면 몇 모둠이 되고, 몇 명이 남을까요?

식 $406 \div 4 = 101 \cdots 2$

답 101 모둠이 되고, 2 명이 남습니다.

클립 855개를 6상자에 똑같이 나누어 담으려고 합니다. 클립을 한 상자에 몇 개씩 담을 수 있고, 몇 개가 남을까요?

식 $855 \div 6 = 142 \cdots 3$

답 한 상자에 142 개씩 담을 수 있고, 3 개가 남습니다.

1년은 365일입니다. 365일은 몇 주이고, 남은 날 수는 며칠일까요?

식 $365 \div 7 = 52 \cdots 1$

답 52 주이고, 남은 날 수는 1 일입니다.

62 • 63 쪽

74 계산이 맞는지 확인하기

월 일

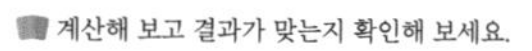

■ 계산해 보고 결과가 맞는지 확인해 보세요.

$29 \div 4 = 7 \cdots 1$ 확인 $4 \times 7 = 28$, $28 + 1 = 29$ (나누는 수, 몫, 나머지, 나누어지는 수)

$19 \div 8 = 2 \cdots 3$ 확인 $8 \times 2 = 16$, $16 + 3 = 19$

$52 \div 3 = 17 \cdots 1$ 확인 $3 \times 17 = 51$, $51 + 1 = 52$

$63 \div 6 = 10 \cdots 3$ 확인 $6 \times 10 = 60$, $60 + 3 = 63$

★ 나눗셈 확인하기

$32 \div 4 = 8$ → $4 \times 8 = 32$

$34 \div 4 = 8 \cdots 2$ → $4 \times 8 = 32$, $32 + 2 = 34$

나누는 수와 몫을 곱하면 나누어지는 수가 됩니다. 이것은 곱셈과 나눗셈의 관계와 같습니다.
나머지가 있는 경우 나누는 수와 몫의 곱에 나머지를 더하면 나누어지는 수가 됩니다.
나머지는 나누고 남은 수이므로 남은 수를 더해야 처음의 나누어지는 수가 됩니다.

■ 계산해 보고 결과가 맞는지 확인해 보세요.

$46 \div 6$: 몫 7, 42, 나머지 4
확인 $6 \times 7 = 42$, $42 + 4 = 46$

$60 \div 7$: 몫 8, 56, 나머지 4
확인 $7 \times 8 = 56$, $56 + 4 = 60$

$88 \div 3$: 몫 29, 6, 28, 27, 나머지 1
확인 $3 \times 29 = 87$, $87 + 1 = 88$

$92 \div 5$: 몫 18, 5, 42, 40, 나머지 2
확인 $5 \times 18 = 90$, $90 + 2 = 92$

64·65쪽

75일 식 완성하기

월 일

■ 어떤 나눗셈식의 계산 결과가 맞는지 확인하는 식입니다. 계산한 나눗셈식을 완성해 보세요.

9×4=36, 36+5=41	식 41÷9=[4]…[5]
8×5=40, 40+7=47	식 47÷[8]=5…[7]
3×16=48, 48+2=50	식 [50]÷3=[16]…[2]
4×23=92, 92+1=93	식 [93]÷[4]=23…[1]
7×11=77, 77+6=83	식 [83]÷7=[11]…[6]
2×37=74, 74+1=75	식 [75]÷[2]=37…[1]

■ 빈칸에 알맞은 수를 써넣으세요.

[22]÷4=5…2
4×5=20, 20+2=22

16÷[5]=3…1
□×3=△, △+1=16, △부터 구합니다.
16−1=15, 15÷3=5

[59]÷6=9…5
6×9=54, 54+5=59

35÷[8]=4…3
35−3=32, 32÷4=8

[63]÷5=12…3
5×12=60, 60+3=63

47÷[6]=7…5
47−5=42, 42÷7=6

[93]÷8=11…5
8×11=88, 88+5=93

29÷[3]=9…2
29−2=27, 27÷9=3

[58]÷3=19…1
3×19=57, 57+1=58

80÷[9]=8…8
80−8=72, 72÷8=9

[87]÷4=21…3
4×21=84, 84+3=87

53÷[7]=7…4
53−4=49, 49÷7=7

66쪽

■ 물음에 답하세요.

어떤 수를 3으로 나누었더니 몫이 14이고 나머지가 2입니다. 어떤 수는 얼마일까요? (44)
□÷3=14…2
3×14=42, 42+2=44

어떤 수를 5로 나누었더니 몫이 16이고 나머지가 4입니다. 어떤 수는 얼마일까요? (84)
□÷5=16…4
5×16=80, 80+4=84

어떤 수를 4로 나누었더니 몫이 23이고 나머지가 3입니다. 어떤 수는 얼마일까요? (95)
□÷4=23…3
4×23=92, 92+3=95

어떤 수를 2로 나누었더니 몫이 38이고 나머지가 1입니다. 어떤 수는 얼마일까요? (77)
□÷2=38…1
2×38=76, 76+1=77

어떤 수를 6으로 나누었더니 몫이 13이고 나머지가 2입니다. 어떤 수는 얼마일까요? (80)
□÷6=13…2
6×13=78, 78+2=80

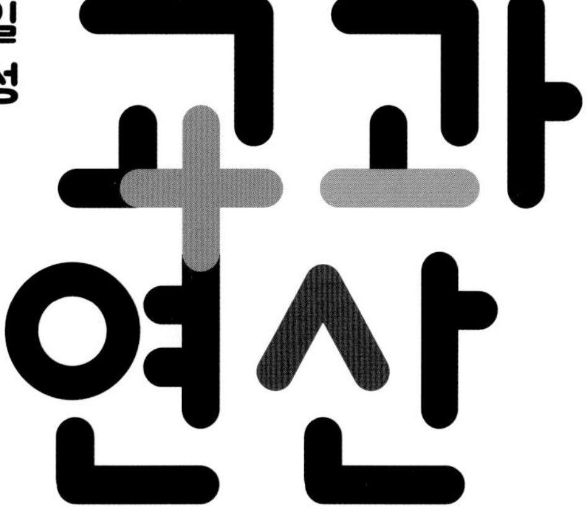
하루 한 장 75일
집중 완성
교과
연산

"연산을 이해하려면 수를 먼저 이해해야 합니다."

"계산은 문제를 해결하는 하나의 과정입니다."

"교과연산은 상황을 판단하는 능력을 길러줍니다."

HERO